空天推进技术系列丛书

改性双基推进剂淤浆浇铸工艺仿真设计

Simulation Design of Slurry Casting Process for Modified Double-base Propel lant

付小龙　李吉祯　李军强　樊学忠　著

西北工业大学出版社

西　安

【内容简介】 本书重点介绍改性双基推进剂淤浆浇铸工艺的典型工序仿真过程。全书共分6章，主要内容包括：第1章介绍改性双基推进剂淤浆浇铸工艺及特点。第2章介绍CFD软件及淤浆浇铸工序所适用的软件模块。第3～5章结合淤浆浇铸工序中制球工序、捏合工序、浇铸工序，详细讲述了仿真过程以及不同工序在仿真过程中的特点，第6章对改性双基推进剂淤浆浇铸工艺仿真设计前景进行了展望。

本书适合高等学校相关专业的师生以及空天领域的科研和工程人员阅读使用。

图书在版编目(CIP)数据

改性双基推进剂淤浆浇铸工艺仿真设计 / 付小龙等著. — 西安：西北工业大学出版社，2021.10
(空天推进技术系列丛书)
ISBN 978-7-5612-7998-4

Ⅰ.①改… Ⅱ.①付… Ⅲ.①改性双基推进剂-设计
Ⅳ.①V512

中国版本图书馆CIP数据核字(2021)第204275号

GAIXING SHUANGJI TUIJINJI YUJIANG JIAOZHU GONGYI FANGZHEN SHEJI
改性双基推进剂淤浆浇铸工艺仿真设计

责任编辑：蒋民昌　**策划编辑：**蒋民昌
责任校对：胡莉巾　**装帧设计：**李　飞
出版发行：西北工业大学出版社
通信地址：西安市友谊西路127号　邮编：710072
电　　话：(029)88491757，88493844
网　　址：www.nwpup.com
印 刷 者：陕西向阳印务有限公司
开　　本：710 mm×1 000 mm　1/16
印　　张：13.875
字　　数：272千字
版　　次：2021年10月第1版　2021年10月第1次印刷
定　　价：70.00元

前　言

改性双基(Modified Double Base, MDB)推进剂具有特征信号低、能量适中、燃烧性能稳定、腐蚀性小等特点，在美国海神、三叉戟、北极星等导弹型号中得到了广泛应用。同时，改性双基推进剂的主要原料如硝化棉、硝化甘油、黑索今等在我国有成熟的工业生产基础，有利于改性双基推进剂的研制与生产。将硝化棉、硝化甘油、黑索今等原材料采用不同的方法进行混合成型的方法则称为改性双基推进剂的成型工艺。目前所采用的改性双基推进剂的成型工艺主要有淤浆浇铸工序、充隙浇铸工序、螺旋压伸工艺和溶剂压伸工艺；改性双基推进剂的其他成型工艺还包括柱塞式挤压工艺、捲卷式工艺、双螺杆螺旋压伸工艺、无辊压工序工艺和超声挤压工艺等。当前，改性双基推进剂工艺方面的研究仍处于"画加打"的方式，即根据以往经验添加主要组分，然后采用大量试验摸索合适的工艺参数和工艺条件，需耗费大量的人力、物力，并且在试验的过程中存在较大的安全风险，理论计算和仿真的研究十分缺乏。

计算流体动力学(Computational Fluid Dynamics,CFD)是流体力学的一个重要分支，通过计算机模拟获得某种流体在特定条件下的有关信息，实现了用计算机代替试验装置完成"计算试验"，为工程技术人员提供了实际工况模拟仿真的操作平台，已广泛应用于航空航天、热能动力、土木水利、汽车工程、铁路、船舶工业、化学工程、流体机械和环境工程等领域。从物理现象与原理基础上来说，改性双基推进剂的成型工艺主要为流体流动问题、传热问题、表面张力问题等方面，采用CFD计算方法可有效描述大部分改性双基推进剂成型工艺中的物理问题。

本书以改性双基推进剂成型过程中淤浆浇铸工艺中的典型工序为基础，结合西安近代化学研究所在改性双基推进剂研究领域的工艺团队和仿真团队近年来对淤浆浇铸工序仿真的研究工作，对已公开发表或即将发表的相关文献和研究进行总结，期望为推进剂工艺研究的科研人员和工程人员提供一定的借鉴。本书也有望成为高等学校相关专业师生有益的学习用书及参考用书。

本书重点介绍改性双基推进剂淤浆浇铸工序的典型工序的仿真过程，从"物理建模、网格划分、参数设置、求解方法和后处理"等仿真全流程对改性双基推进剂淤浆浇铸工艺的仿真过程进行详细描述，以期在CFD理论计算基础和推进剂工程实践之间架起一座桥梁。本书共分6章，第1章介绍改性双基推进剂淤浆浇铸工艺及特点；第2章介绍CFD软件及淤浆浇铸工序所适用的软件模块；第3～5章结合淤浆浇铸工序中的制球工序、捏合工序和浇铸工序，详细介绍仿真过程以及不同工序在仿真过程中的特点。第6章对改性双基推进剂淤浆浇铸工艺仿真设计前景进行了展望。

本书编写分工为：付小龙编写第1～2章和第6章，李吉祯编写第3章，李军强编写第4章，樊学忠编写第5章，全书由付小龙统稿。

本书的编写得到了各方面的支持与帮助。在此，笔者特别感谢国防科工局项目的资助。同时，笔者感谢蔚红建、刘小刚、邵重斌等同事在淤浆浇铸工序中的付出与帮助。笔者还要感谢西安近代化学研究所张伟、冯伟等各级领导在本书仿真工作和编写出版过程中给予的大力支持，感谢西北大学陈三平教授、陕西师范大学张国防教授和西北工业大学严启龙教授对本书提出的宝贵意见和建议。在本书的撰写过程中，笔者参阅了相关文献、资料，在此对其作者表示衷心地感谢。

由于本书内容较新且限于笔者水平和专业知识，书中不足乃至错漏之处在所难免，恳请各位读者批评指正，不胜感激。

著　者

2020 年 12 月

目 录

第1章 绪论

改性双基(MDB)推进剂性能优越，工业生产基础良好，已应用于各种战略和战术导弹中。具有特征信号低、能量适中、燃烧性能稳定、腐蚀性小等特点。同时，改性双基推进剂的主要原料如硝化棉、硝化甘油、黑索今等在我国有较好的工业生产的基础，有利于改性双基推进剂的研制生产。将硝化棉、硝化甘油、黑索今等原材料采用不同的方法进行混合成型的方法则称为改性双基推进剂的成型工艺。目前所采用的改性双基推进剂的成型工艺主要有淤浆浇铸工序、充隙浇铸工序、螺旋压伸工艺和溶剂压伸工艺等。本章对改性双基推进剂的成型工艺及计算流体动力学(CFD)的相关知识及意义作了简要介绍。

1.1 概　　述

20世纪50年代中期，由于战略导弹和大型助推器对高能推进剂的需要，在双基和复合推进剂的基础上发展了改性双基推进剂。由于其性能优越，工业生产基础良好，因而受到各国普遍重视，已应用于各种战略和战术导弹中，如美国陆基战略导弹“民兵Ⅰ”“民兵Ⅱ”，海基战略导弹“北极星A_2”“北极星A_3”“海神”和“三叉戟”，航天运载火箭“侦察兵”第三级和第四级。英国和法国已应用于战术导弹，日本和西德用于反坦克导弹或其他小型武器，据称苏联也有应用。

改性双基推进剂由于在双基推进剂中采用了无机氧化剂和金属燃料，突破了双基推进剂能量不高的局限，又保持了双基推进剂少烟的特点，与复合推进剂相比，总的固体含量很少超过50%，能量可调范围大，是当前固体推进剂中比冲最高的一种，经过引入高聚物又改善了力学性能，并且其原料来源广泛，可以借助于原有火药工业的生产基础，因此获得了比较迅速的发展，因此成为当前固体推进剂中重点发展的品种之一。其缺点是：因含有多种高能成分，危险等级较高，但只要采取必要的措施，可以保证安全生产和使用。

改性双基(CMDB)推进剂具有特征信号低、能量适中、燃烧性能稳定、腐蚀性小等特点。同时，改性双基推进剂的主要原料如硝化棉、硝化甘油、黑索今等在我国有较好的工业生产基础，有利于改性双基推进剂的研制生产。将硝化棉、硝化甘油、黑索今等原材料采用不同的方法进行混合成型的方法则称为改性双基推进剂的成型工艺。目前所采用的改性双基推进剂的成型工艺主要有淤浆浇铸工序、充隙浇铸工序、螺旋压伸工艺和溶剂压伸工艺；改性双基推进剂的其他成型工艺还包括柱塞式挤压工艺、捲卷式工艺、双螺杆螺旋压伸工艺、无辊压工序工艺和超声挤压工艺等。

我国的火药工业创始于1895年，在上海龙华兵工厂建立火药厂，至1949年中华人民共和国成立，仅能生产枪炮用的发射药。1950年为适应抗美援朝战争的需要，在东北首先采用难挥发性溶剂压伸工艺制成了双基推进剂。1958年在固体推进剂领域，开展了科研与新产品试制，发展了浇铸双基推进剂、聚硫橡胶推进剂及其他复合推进剂。1960年我国第一条半连续化螺旋压伸生产线投入生产，为大批量生产双基推进剂提供了重要手段，在这条生产线上不仅生产了多种型号的野战火箭用双基推进剂，而且还试制了几种型号的战术导弹用双基推进剂。20世纪70年代我国研究与发展了改性双基推进剂与聚丁二烯推进剂。现在我国已建立起强大的固体推进剂工业，不仅具有一定产量，而且研制的品种齐全、性能也接近世界先进水平。图1-1描述了改性双基推进剂工艺发展历程。

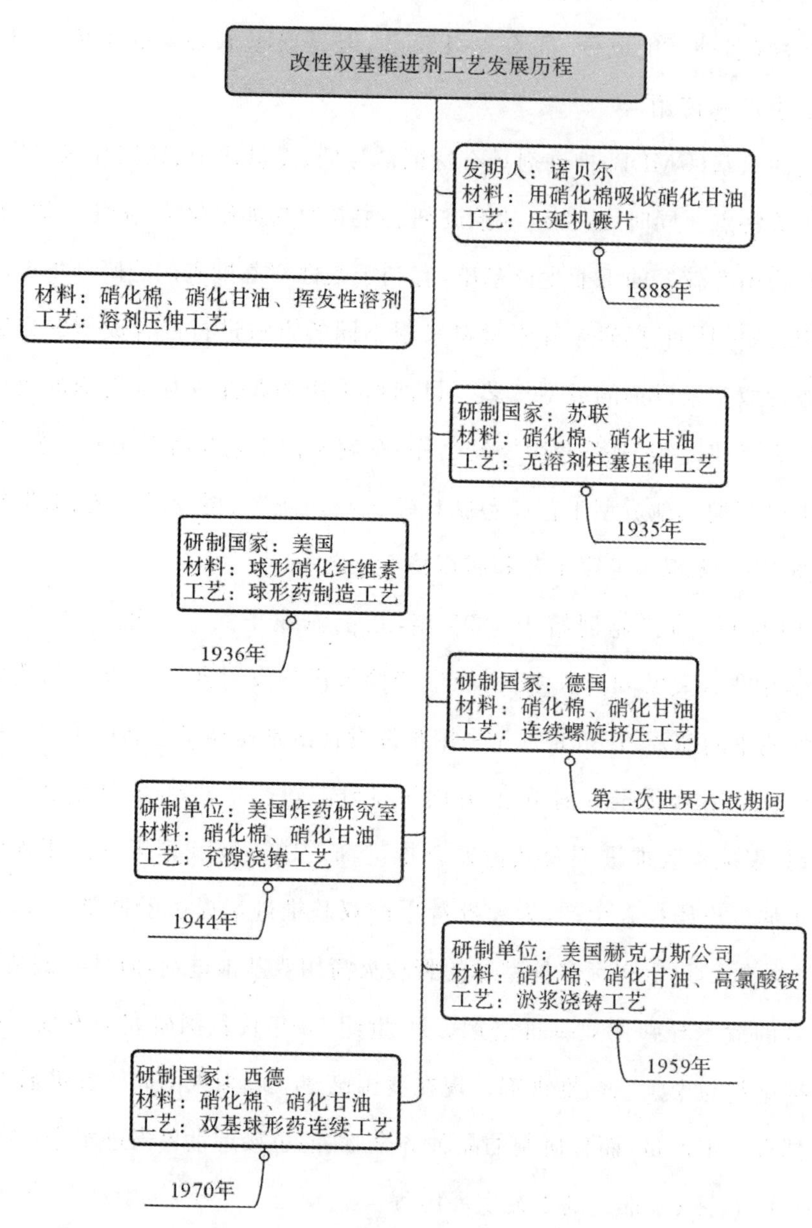

图 1－1　改性双基推进剂工艺发展历程

1.2 改性双基推进剂淤浆浇铸工序介绍

改性双基推进剂的浇铸工序起源于双基推进剂的浇铸工序。第二次世界大战中，用压伸工艺生产的双基推进剂大量地用于野战火箭中，在战场上发挥了巨大的威力。但是，由于压伸工艺只能生产小尺寸的药柱，使装填这种药柱的火箭弹的射程和威力都受到限制，满足不了武器发展的需求。例如，溶剂压伸工艺生产的推进剂药柱的燃烧层厚度一般不超过 12 mm 左右，否则挥发性溶剂难于驱除。无溶剂压伸工艺生产的推进剂药柱的直径一般在 800 mm 以下，再增大药柱的尺寸时在安全和质量方面都存在问题。生产大尺寸药柱成了当时武器发展的迫切要求。为了适应这种要求，1944 年春，美国炸药研究实验室发明了充隙法双基浇铸工序，从而解决了大尺寸和复杂药型药柱的生产途径问题。浇铸工序是双基推进剂制造工艺上的一个突破性的进展，几年之后，美国就用双基浇铸工序生产了直径达 30 in(762 mm，1 in=25.4 mm)的“诚实约翰”“黄铜骑士”等火箭弹的自由装填式药柱。

在 20 世纪 50 年代中期，在美苏大力发展远程战略导弹的竞争中，美国研究成功了复合改性双基推进剂(CMDB)，它是在浇铸双基推进剂工艺的基础上，加入了复合推进剂中的高能组分高氯酸铵和铝粉而组成的。由于其能量高，很快地应用于 20 世纪 60 年代初期研制的美国第一代战略导弹“民兵”“北极星”等型号的末级发动机中。今天改性双基推进剂已经发展成为数个品种，制造工艺方面也有了很大的发展，成为固体推进剂中研制和发展最为活跃的品种之一。

改性双基推进剂浇铸工序分为充隙浇铸和淤浆浇铸工序。这两种工艺的差别甚大，本书以淤浆浇铸为例，介绍淤浆浇铸的主要工艺流程及仿真设计方法。其中，淤浆浇铸工序的流程主要包括“球形药制备”“捏合”“浇铸”“固化”“整形”等几个工艺过程。只有清楚了解淤浆浇铸工序的流程以及工艺原理，才有可能进一步寻找仿真工具进行仿真研究。现将淤浆浇铸工序介

绍如下。该工艺流程图示例如图 1-2 所示。

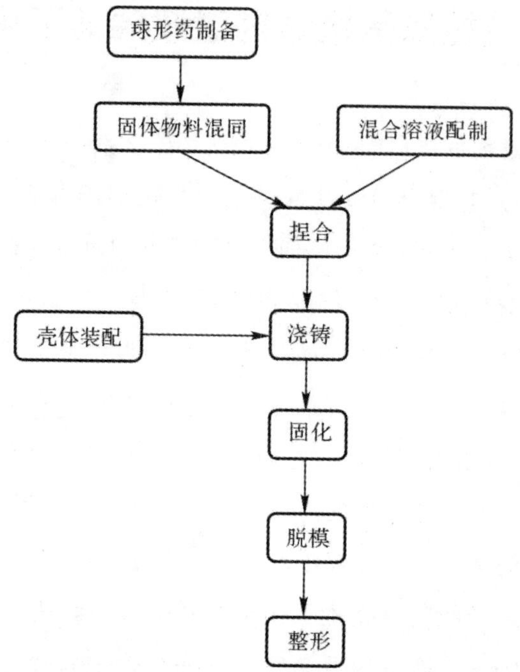

图 1-2 改性双基推进剂淤浆浇铸工序流程

1.2.1 球形药制备工艺介绍

球形硝化纤维素——球形药的研制已有近百年的历史。1929 年美国人奥利森就开始研究球形药，1935 年设计出了球形药制造的工艺生产线。第二次世界大战前，美国西方枪弹公司（奥林、马休逊公司）已开始生产球形药。当时研制球形药的目的有两种：①要用简单快速的方法制造小粒药（枪药）；②使用不需认真安全处理的硝化棉，甚至是过期的火药来生产球形药。

配浆浇铸工序是在球形药的基础上发展起来的，没有致密细小的球形硝化纤维素，就不可能配制成具有适当流动特性的可浇铸的推进剂药浆。高质量、低成本、颗粒精细的球形药是配浆浇铸工序的关键工艺。

1.2.1.1 球形药制备方法介绍

球形药的制备通常采用内溶法和外溶法两种工艺。

(1)内溶法工艺是将硝化纤维素悬浮于大量水介质中，在搅拌下加入溶剂，例如醋酸乙酯，使硝化纤维素溶解并随之粉碎成滴状，然后加热除去溶剂，制成球形药。

(2)外溶法工艺是将干燥的硝化纤维素(例如含水7%左右)，用醋酸乙酯溶成胶团，然后用挤压机通过花板挤出，挤出药条用旋转刀切成直径与长度之比为1∶1的小药柱，药柱落入不断搅拌的，有动物胶、脱水盐并用醋酸乙酯饱和的介质水中，通过加入附加溶剂和加热的办法使药粒变软，并形成球状，然后除去溶剂，制成球形药。

本章主要根据配浆浇铸工序，考虑内溶法优点及与配浆浇铸工序的适用性，对内溶法工艺进行介绍。对于生产小颗粒的配浆浇铸用球形药来讲，以内溶法工艺为好，因为它使悬浮于水介质中的硝化纤维素溶解成球，有利于形成细小的“漆滴”，便于生产出细粒度的球形药。同时，内溶法比较简单，成分混合均匀，而且可以使用未经彻底安定处理和不经干燥的硝化纤维素。

配浆浇铸工序所用球形药与轻武器用球形药有较大区别，一是不需要表面处理，另外所用硝化棉的含氮量较低。二是配浆法工艺用球形药的颗粒要细得多，对于高能量，低黏合剂含量的改性双基推进剂必须用非常细的(例如50 μm以下)球形药，以保证黏合剂的主体硝化纤维素在推进剂中的均匀分布，从而保证黏合剂相的连续性，这对保证推进剂的必要的力学性能十分必要。对于有较高黏合剂含量的改性双基推进剂和浇铸双基推进剂，允许用较大颗粒的球形药，因为它的成本较低。细小的硝化纤维素球形药也叫塑溶胶硝化棉。典型的塑溶胶硝化棉配方见表1-1。

表 1-1　典型塑溶胶硝化棉的组成　　单位：%

组　分	类　别		
	1	2	3
硝化纤维素（N%=12.6%）	98.5	90.1	75.1
2-硝基二苯胺	1.5	1.5	1.5
硝化甘油	无	8.0	23.0
炭黑	无	0.4	0.4
包覆剂（外加）	0.15	0.15	0.15

球形药制备通常是用醋酸乙酯溶解硝化纤维素成漆状物，借助强烈搅拌，在水介质中使漆状物分散成细小的“漆滴”，在表面张力作用下，“漆滴”呈球形，脱除溶剂而成球形药。球形药的粒度根据用途不同可以有很大差别，小到数微米，大到数百微米。

由于硝化纤维素是疏松的纤维状材料，当它直接与硝化甘油或其他液态增塑剂混合时，因溶解的速度很快，接触部分立即形成黏度很大的溶胶，这层黏稠的溶胶将阻止溶剂对内部硝化纤维素的溶解，故溶解时不均匀的，使物料无法加工。为了使硝化纤维素能够与硝化甘油及其他液态增塑剂均匀混合，就要控制其溶解速度。采用的办法就是将疏松的纤维状硝化纤维素制成致密的球形颗粒，这些颗粒与增塑剂接触后能够缓慢而均匀地溶解，使加工期间的混合物有合适的黏度，而又容易得到均匀塑化的推进剂产品。

1.2.1.2　球形药制备工艺流程

以下以典型硝化棉球形药为例，介绍球形药制备的主要原材料、设备、工艺流程及工艺结果等进行介绍。

1. 原材料、仪器及设备

主要原材料：硝化棉（NC）、催化剂（Ct）、炭黑（CB）、二号中定剂（C_2）、乙酸乙酯（RAc）、硫酸钠（Na_2SO_4）、保护胶、水等。

主要设备：250 L 制球釜（中国）、20 L 砂磨机（中国）、激光粒度分析仪

(日本)、JSE－5800扫描电镜(日本电子公司)。

2. 球形药组分

球形药组分见表1－2。

表1－2 球形药组分 单位:%

NC	Ct	CB	C2
80～95	0～15	0～4	1～4

3. 样品的制备

先使用20 L砂磨机,以RAc为介质,将催化剂和炭黑充分混合均匀,并研磨2 h以上,细化催化剂和炭黑;再使用250 L制球釜,以水和RAc为介质,先将20 L砂磨机中的RAc、催化剂、炭黑泵入250 L制球釜中,再将NC和C_2溶于RAc中,加水后高速搅拌形成小球,加入保护胶,经脱水、驱溶、洗涤、烘干便得到所需球形药。

这种工艺的主要特点是设备简单,周期短,生产安全,可以制成各种密度和粒度的球形药,球形药药形规整。

4. 工艺流程

工艺流程如图1－3所示。

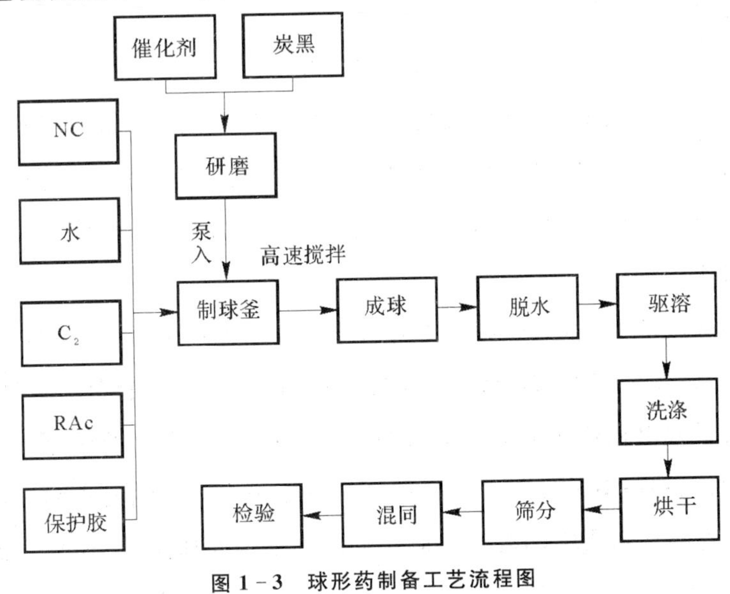

图1－3 球形药制备工艺流程图

1.2.1.3 球形药成球过程

1.2.1.3.1 球形药成球原理

在球形药工艺仿真过程中，首先需要明晰球形药成球原理，才能准确选择仿真软件、流体模型、求解方式等。

硝化纤维素与溶剂的浓溶液在水介质中被强力搅拌而粉碎成为细小的漆滴。这些漆滴极大地增加了系统的界面，也即增加了系统的表面能，因而系统处于热力学不稳定状态，有自动聚集的趋势。为了防止漆滴的聚集，要加入保护剂(护胶剂)，如动物胶等，保护剂的作用一方面是降低了系统的界面能，使系统趋于稳定。另一方面是在漆滴表面形成一层保护膜，在漆滴互相碰撞中不会黏在一起。在不停地搅拌下，系统形成一个“油-水”型的乳浊液。加入的保护剂有骨胶、明胶、阿拉伯树胶、糊精、聚乙烯醇等。骨胶和明胶是常用的保护剂，通常将明胶用热水溶解，配成浓度很高的胶水，在硝化纤维素溶解后，加入介质水中。悬浮于水中的漆滴在表面张力作用下，由不规则形状变为球形。因为根据表面张力原理，漆滴表面各点所受附加压强为

$$\Delta P = 2\gamma/R \tag{1-1}$$

式中，γ 为表面张力；R 为漆滴表面该点的曲率半径；ΔP 为附加压强。

由式(1-1)可知，R 越小，ΔP 越大，故漆滴各点都有使该点曲率半径及增大的趋势，直至各点 R 相同时，漆滴才处于平衡状态，变为球形，此时漆滴表面能最小。

在溶解成球阶段，可以将需要的组分加入球形药中，一般球形药都含有少量安定剂，如中定剂、2-硝基二苯胺，以保证球形药在贮存中有足够的安定性。为了做出预塑化的双基球形药，可以加入一定数量的硝化甘油、三醋酸甘油酯、二硝基甲苯等组分。这些组分可以预先溶于醋酸乙酯中，在溶解成球阶段直接加到成球锅内。而加入不溶于水的固体组分，如燃烧催化剂、黑索今、奥克托今、铝粉等，通常可在加入剂之前，将这些组分与硝化纤维素

一起加到水中，搅拌分散悬浮，显然这些组分应该是细粒度的。为了提高催化剂的分散均匀性，常使用胶体磨使其与水一起研磨成高分散性的悬浮液，再加到成球锅中。对于铝粉，为了防止与水的反应，事先可进行表面钝化处理。欲加到球形药中的各种组分也可制成吸收棉，在成球时一齐加入。

1.2.1.3.2 溶剂选择

成球的第一步就是溶解硝化纤维素，能将硝化纤维素溶解的溶剂有许多种，但可用于成球的溶剂必须符合以下条件：必须是硝化纤维素的良溶剂；有适宜的沸点，要低于水的沸点以利于溶剂的驱除，但又不能太低，以避免加工过程中溶剂的大量损失，沸点太低对生产安全也不利；微溶于水，且水在其中的溶解度也要小；毒性小，来源丰富，价格低廉。

可选择的溶剂有醋酸乙酯、甲乙酮、硝基甲烷、甲酸乙酯、醋酸异丙酯等。可以单一使用，也可用混合溶剂。最常用的是醋酸乙酯和甲乙酮。

1.2.1.3.3 成球工艺条件

成球工艺条件是仿真研究中边界条件设置的重要参考，因此对成球工艺条件的了解是仿真过程中的重要过程。

1.溶剂比

溶剂比即溶剂与硝化纤维素（干量）之比。溶剂比是根据所用的工艺方法、硝化纤维素的品号、球形药的组成及球形药的粒度决定的。内溶法工艺的溶剂比较大，常需 5～10 倍。由于溶剂比决定了溶胶的黏度，黏度不同的溶胶在搅拌下粉碎的难易不同，因而溶剂比影响球形药的粒度。加大溶剂比，溶胶的黏度下降，相同的搅拌条件下粒度较小，但同时增加了溶剂的消耗，反之亦然。高黏度的爆胶棉要比低黏度的硝化棉用较大的溶剂比。在制作含奥克托今或铝粉的包覆球时，需用很大的溶剂比，例如可达 20 倍以上。这一方面是因为球形药中的硝化纤维素含量少，另一方面也因为需要较低的溶胶黏度，才能将固体组分包覆起来。另外溶剂比对球形药的圆球率也有一定影响。所以溶剂比是成球的重要工艺条件。合适的溶剂比是在已有经验的基础上通过试验确定的。

2. 成球温度

希望采用较高的成球温度，因为成球温度高溶解快，漆滴黏度小，有利于成球。但是温度高也使溶剂挥发量变大。因为水与醋酸乙酯的共沸点是70.4℃，故在用醋酸乙酯成球时常用温度范围是60～65℃。

3. 成球时间

从把溶剂加到硝化纤维素与水的悬浮液中起，就开始了硝化纤维素的溶解成球的过程，它包括硝化纤维素的溶解、漆滴的分散及漆滴变圆的过程。通常硝化纤维素的溶解是较快的，尤其当溶剂比较大时，几分钟便充分溶解了。但这时漆滴颗粒的大小是不均匀的，必须经过一定时间的搅拌，才能使漆滴大小稳定在一定的范围内，并由不规则的形状变成圆球形。由于做大球和做小球所用溶剂比相差很大，漆滴的黏度不同，因此所用成球时间也不相同，一般做小球时间不到半小时，做大球时常需 1 h 左右的溶解成球时间才能使球形变圆，粒度比较均匀。

4. 水的倍数

介质水量与硝化纤维素干量之比称为水的倍数。水倍数越小，设备的生产能力越高，溶剂在水中的溶解损失也越小，因此应该用尽量小的水倍数。但是水倍数太小则影响球药的粒度和圆球率。通常做大球时用较小的水倍数，一般不超过10倍。做小球时要用很大的水倍数，如20倍以上或者更大。由于水倍数很大，设备的生产能力很低。

5. 护胶剂量

成球中通常用动物胶做护胶剂。用护胶剂在介质水中的浓度来表示护胶剂的量。护胶剂在成球中不仅要在漆滴表面形成胶膜并且要提高介质水的黏度。因为水的黏度提高了，有利于增加打碎漆滴的剪切力，故可以减小球形药的粒度。护胶剂的量不能太高，否则增加了护胶剂的消耗，效果又不显著。护胶剂量大给洗涤球形药也造成困难，通常护胶剂量为1%～2%。

护胶剂种类的变化常对球形药的粒度有很大的影响。例如采用0.2%～0.5%的聚(氧乙撑)糖酯类和丁二酸二烷基酯的钠盐作乳化剂，用

0.2%～0.4%烯丙基葡萄糖交联的聚丙烯酸作护胶剂，可以获得平均颗粒直径为5～20 μm的球形药。而用动物胶作护胶剂时，难于获得这样小粒度的球形药。

6.搅拌转速

在其他条件相同时，球形药的粒度取决于成球锅的搅拌转速，或者说取决于搅拌桨的线速度。因为搅拌桨直径越大，其线速度越大，故大设备的转速可以小得多。转速的大小依要求的球形药的粒度而定，可能有几倍的差别。做大球时转速不能高，要有一个缓和的搅拌条件，否则粒度会太小。由于表面性质决定，漆滴直径越大越不稳定，因此难于做出直径大于0.7～1.0 mm的球形药。相反，粒度越小要求转速越高，但是在一定的工艺条件和设备条件下，光靠增加转速来获得小颗粒的球形药也是有限度的。由于在一个搅拌桨上离中心距离不同的各点的圆周速度不同，故内溶法制成的球形药的粒度都不是单一的，而要有一个较大的分布范围。

以上讨论了成球阶段的各工艺条件，这些条件是互相影响的，欲确定合理的工艺条件须综合考虑。

1.2.1.4 球形药脱水过程

待成球锅内的漆滴的大小已比较均匀，形状也成为圆球形后（这可以通过采样在显微镜下观察来判断）就可以加入脱水剂，开始脱水过程。

1.2.1.4.1 脱水原理

因为水在醋酸乙酯中有一定的溶解度，所以脱水过程溶解成球的硝化纤维素漆滴中随着醋酸乙酯要带入一定量的水分。这些水分不会在驱除溶剂的过程中随着溶剂蒸发而除去，但这些水分如不能在药粒变硬之前除去，而是要等烘干时驱除的话，就会使烘干后的球形药成为多孔的，密度明显降低，因此要求在驱除溶剂之前，即药粒变硬之前将水分除去。漆滴的水分除去是在水介质中加入水溶性盐类，使水介质成为一定浓度的盐溶液，由于球形药内的水珠中不含有盐，故水在球内外形成了渗透压，水分从球内向球外渗透，达到驱水的目的，这一过程称为脱水过程。在浸加脱水剂之前，从成球锅内取样观察药粒是乳白色不透明的，在加入脱水剂之后可观察到药粒逐渐透明，说明水分已被脱出，如图 1-4 所示。

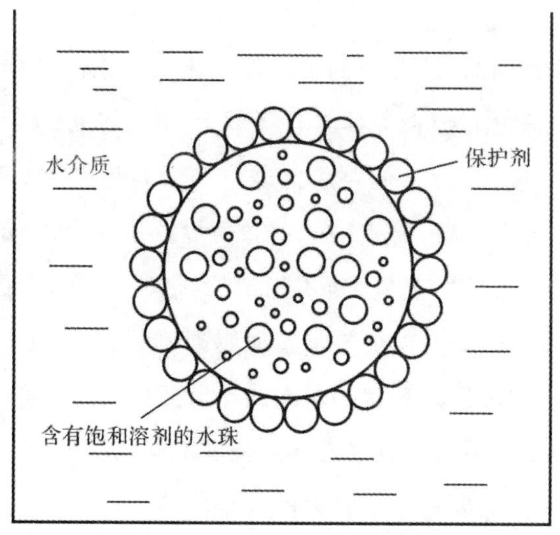

图 1-4　漆滴含水情况示意图

1.2.1.4.2　脱水剂及其用量

脱水剂应该是能溶于介质水而不溶于溶剂，溶解后呈中性，对球形药无损坏作用的物质，且应该价廉易得。常用的脱水剂有硫酸钠、硫酸镁、硝酸钾、硝酸钡等，以硫酸钠应用最广。

脱水剂用量一般是以脱水剂在介质水中的质量分数表示的，通常脱水剂用量在 2%～4%之间。增加脱水剂用量有利于水的脱出，透明球形药可达 100%，而且可以提高球形药的密度。但是脱水剂用量过大，除造成消耗增加外，还可因渗透压太大，水分渗出过快，或者漆滴胶膜的破坏而造成漆滴结构破坏，使球形药质量明显下降。为了脱水过程均匀进行，渗透压逐渐增加，硫酸钠可以分批加入。硫酸钠可溶于水中成浓溶液后加入成球锅中，也可以不溶于水直接加入。

当生产中采用对水溶解度较大的溶剂，例如甲乙酮作为硝化纤维素的溶剂时，由于随溶剂带入球形药中的水分较多，此时单靠加入硫酸钠驱水的办法已不能使密度达到要求，需要在溶剂中加入一种稀释剂来降低水在溶剂中的溶解度，因而减少了随溶剂带入漆滴中的水分，这少量的水再靠渗透压的办法驱除。

非溶剂的稀释剂应满足下列要求：不溶于水；与溶剂互溶，并不影响溶剂对硝化纤维素的溶解能力；可降低水在溶剂中的溶解度。甲苯、二甲苯、庚烷、环己烷等均不溶解硝化纤维素，都可作为稀释剂。例如在甲乙酮做溶剂时，加入5%甲苯做稀释剂。

1.2.1.4.3　脱水工艺条件

1. 脱水时间

脱水时间一般为30～60 min，做小球时间短，做大球时间长。增加脱水时间有利于脱水，球形药的密度增加。脱水过程中，随着水分的减少，溶剂对硝化纤维素的塑化能力增加，漆滴表面黏度增加，容易聚结。尤其是溶剂比大时，这种情况更明显。因此有时要采取分段驱除溶剂的办法，即加入部分脱水剂(例如1/2)，脱水，然后驱除一部分溶剂，再加入脱水剂，再驱除溶剂，这样做可以获得较好的效果。

2. 脱水温度

温度高一些对脱水有利，但由于成球温度已接近溶剂和水的共沸点，故一般脱水温度只能稍高于成球温度而低于共沸点温度。一般脱水温度在66～68℃。脱水期间的搅拌转速与成球时相同。

1.2.1.5　球形药溶剂脱除过程

脱水后继续提高锅内温度，将溶剂蒸出。随着溶剂的减少，漆滴收缩变硬，最后成为坚硬的球形药粒。

溶剂脱除是一个关键的过程，操作不慎可能使球形药黏成大块，或者不能形成致密的表面层，球形药中的溶剂以两种方式被脱除。第一种是由于温度升高，溶解在水中的溶剂蒸发或沸腾脱出，水中溶剂浓度下降，溶剂从球形药中扩散到水中。第二种是当温度更高时，球形药中的溶剂直接蒸发脱出。

在系统中溶剂含量很多时，即脱除溶剂开始阶段，应以第一种方式为主。在溶剂已脱出一大部分后，应以第二种方式为主。因为如果球形药中的溶剂迅速汽化，可能使球药上浮，并且由于溶剂不能及时扩散到水中，而聚集在球形药表面，使球形药表面变黏，造成球形药结团变形，如果溶剂汽化过快，还可能形成带空洞的"放泡"球。因此在脱溶剂初期应该特别注意升温速度，不可过快。通常成球锅内抽真空，造成一定的负压，例如保持余压在 700 mmHg (93.31 kPa)，并在低于醋酸乙酯沸点的温度下脱除溶剂。当溶剂已经脱出一大部分，球形药表面已经变硬，不再容易变形时，再逐渐升高温度，直至最后可将温度升高到 90℃以上，尽量除净球形药内部的溶剂。除溶剂过程中每个阶段的升温速度及时间要根据具体设备情况试验确定。通常脱溶剂要用 1～2 h 或更长时间，在整个脱溶剂时间内要保持高搅拌转速不变。

1.2.1.6 球形药后处理过程

1. 洗涤

成球之后要进行洗涤，以除去球药表面黏附的保护胶和脱水剂，一般用热水(约 50℃)洗几遍就能洗净。留在球形药表面的动物胶将影响球形药在溶剂中的塑化，从而影响推进剂的力学性能和与包覆层的黏结强度。为此可用酶处理球形药，以彻底除去动物胶。可用的酶有胃朊酶、胰酶等。在 100 份球药中加入 9 份酶，在 40℃下处理 4 h 即得到较好的效果。例如经酶处理的球形药的制成品抗拉强度为 4.3 MPa，不经酶处理的球形药的制成品的抗拉强度为 2.8 MPa。

2. 筛选

球形药要经过筛选以去掉成球过程中形成的渣子，黏结的大块或粒度过大、过小的球形药。筛选可在转筒筛中用水筛法进行。从喷头喷出的水流夹带球形药通过筛网，并不断冲洗筛网以避免网眼被堵塞。筛出的合格球形药送去混同，不合格的废球药收集起来可以重新溶解成球利用。

3. 混同

对于大批使用的球形药，或者为了使大批推进剂具有良好的再现性，球形药要进行混同。一般说来,混同是在水中进行的,许多小批的球形药可以在混同机内一次混成一大批,混同之后用离心机除水。若是外运的球形药即可含水装桶运出。

4.烘干

球形药在使用前要烘干,一般要求水分含量低于0.5%。对于某些含有异氰酸酯的交联改性双基推进剂使用的球形药,要求更低的水分。通常双基球和复合球的水分比单基球的水分容易驱除。

烘干可用台式或箱式干燥器。将球形药一薄层铺在铝盘内,在65℃左右的温度下放置一两天即可。环境湿度过大时,烘干效果不好。由于硝化纤维素的吸湿性,烘干后的球形药应该密封贮存以防吸潮。干燥的球形药在处理中有较大静电,且容易被静电放电引起爆燃,因此必须小心。干燥的塑溶胶硝化纤维素应当在导电的容器中进行处理和输送,且这些容器总是要接地的。

1.2.1.7 球形药制备影响因素

1.溶剂比对球形药堆积密度和粒度的影响

为比较不同溶剂比(溶剂比即溶剂RAc与NC的体积比)对球形药性能的影响,选用相同的球形药配方,添加不同的溶剂量,其中RAc溶剂与NC溶剂的体积比分别为9∶1,10∶1,11∶1,12∶1,球形药性能见表1-3。

表1-3 溶剂比对球形药性能的影响

样　品	溶剂比	堆积密度 $\rho/(g\cdot cm)^{-3}$	粒度 $d_{50}/\mu m$
Q1	9∶1	0.794	103.371
Q2	10∶1	0.848	89.249
Q3	11∶1	0.923	49.846
Q4	12∶1	0.986	46.653

溶剂比对球形药的影响较大,溶剂比由9倍提高至12倍,球形药堆积密

度由 0.794 $g \cdot cm^{-3}$ 提高至 0.986 $g \cdot cm^{-3}$，球形药粒度由 103.371 μm 降低至 46.653 μm。由于 NC 在 RAc 中溶解后形成高分子溶胶，溶剂比增大，高分子溶胶变稀，其黏度降低，在高速搅拌的过程中 NC 的分散性更好，因此在后期的成球过程中球形药的粒度更小，烘干后，球形药堆积更加密实，堆积密度增大，如图 1-5 所示。

2. 搅拌转速对球形药堆积密度和粒度的影响

为比较不同搅拌转速对球形药性能的影响，选用相同的球形药配方，改变搅拌速度，其速度分别为 600 $r \cdot min^{-1}$、700 $r \cdot min^{-1}$、800 $r \cdot min^{-1}$，球形药性能见表1-4。

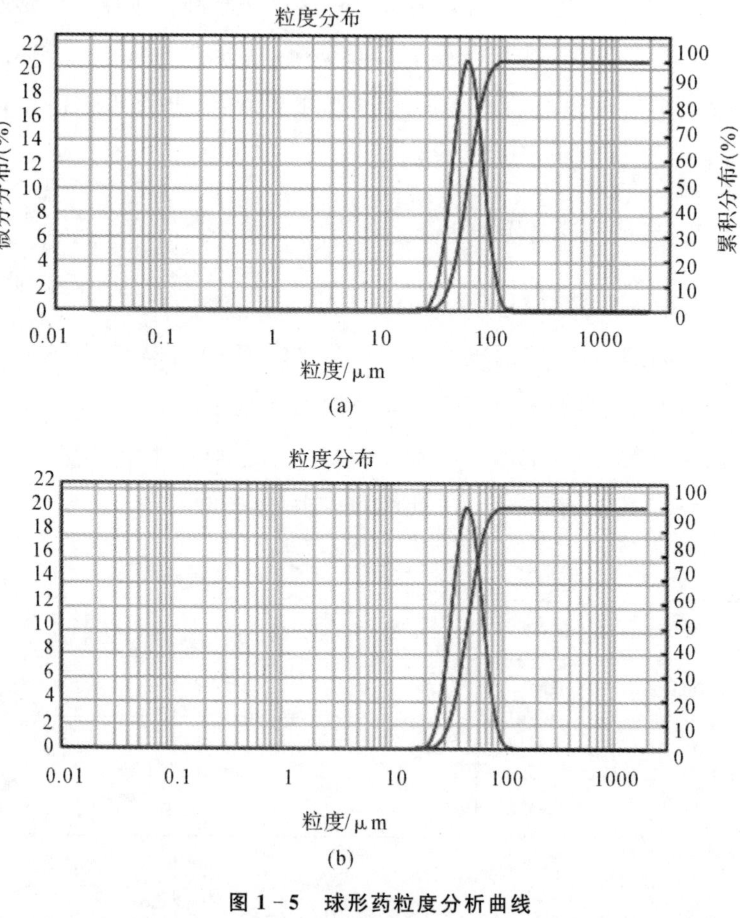

图 1-5 球形药粒度分析曲线

(a)Q1； (b)Q2；

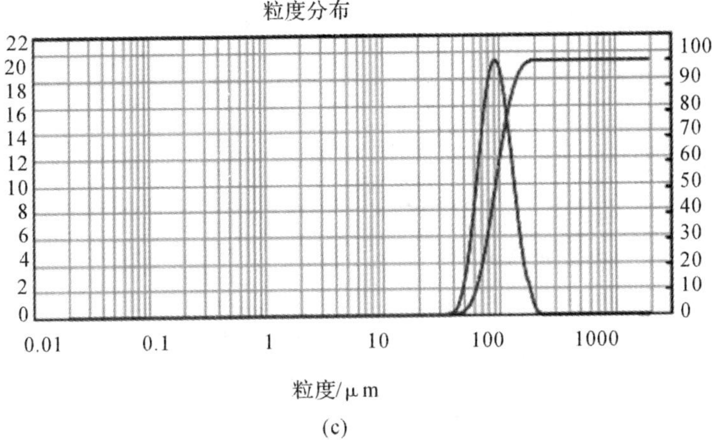

(c)

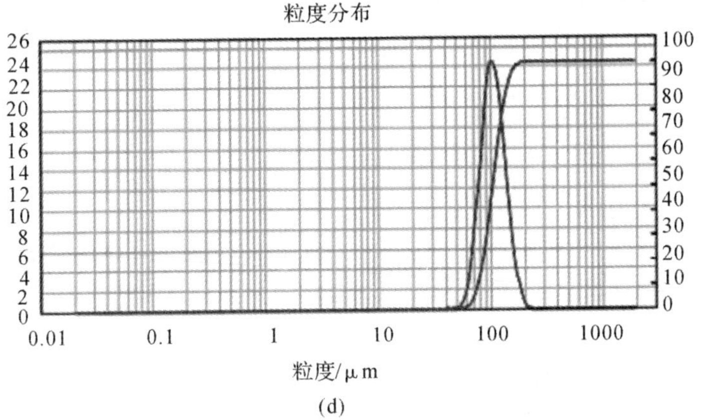

(d)

续图 1-5 球形药粒度分析曲线

(c)Q3； (d)Q4

表 1-4 搅拌转速对球形药性能的影响

样 品	转速/(r·min^{-1})	堆积密度 ρ/(g·cm)$^{-3}$	粒度 d_{50}/μm
Q5	600	0.821	88.362
Q6	700	0.895	58.717
Q7	800	0.947	49.864

搅拌转速对球形药有一定影响，搅拌转速由 600 r·min^{-1}提高至 800 r·min^{-1}，球形药堆积密度由 0.821 g·m^{-3}提高至 0.947 g·m^{-3}，球形药粒度由88.362 μm降低至 49.864 μm。搅拌速度增大，NC 高分子溶胶分散均匀，粒度减小，堆积密度增大，如图 1-6 所示。

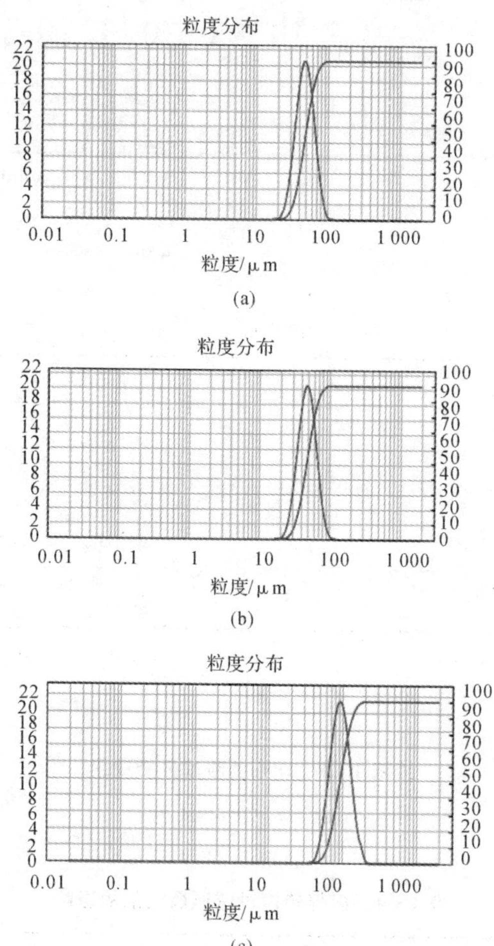

图 1-6 球形药粒度分析曲线

(a)Q5； (B)Q6； (C)Q7

3. 驱溶速率对球形药成球率的影响

溶剂脱除是一个关键过程，操作不当可能使球形药黏成大块，或者不能形成致密的球形药。本书研究了驱溶速率对球形药成球率的影响，结果如图1-7所示。

(a)

(b)

图1-7 球形药成球率SEM图

(a)Q8(驱溶速率为2 kg・min^{-1})；(b)Q9(驱溶速率为3 kg・min^{-1})

当驱溶速率为2 kg・min^{-1}时，球形药圆球度较好，成球率高；当驱溶速率为3 kg・min^{-1}时，球形药呈椭圆形或球扁形较多，成球率差。当溶剂从球形药中脱除时，球形药中的溶剂迅速汽化，可能使球形药上浮，溶剂不能及时扩散到水中，反而聚集在球形药表面，使球形药表面的NC被溶剂溶解，造成球形药变形；同时溶剂汽化过快，可能将球形药抽破，形成球扁状球形药。

1.2.2 固体物料混同

固体物料混同是将推进剂配方中数种或全部固体组分混合在一起的操作，它是配浆之前的准备工作之一。

改性双基推进剂中的固相组分通常有球形药、铝粉、高氯酸铵、黑索今、奥克托今及各种催化剂等。上述组分对于不同的配方可能有其中几种，将这些组分预先混在一起，可以简化配浆的操作过程，还有利于各组分的均匀分散，尤其是对于加入量很少，又要求分散均匀的催化剂来说更是必要的。

在混同之前，对各种固体物料要求是充分干燥的。对于保存良好的铝粉、黑索今、奥克托今等，由于它们的吸湿性很小，水分含量常低于0.1%，一般不必干燥即可使用。保存良好的用表面活性剂处理的高氯酸铵的水分含量也很低，可不经干燥处理，但气流粉碎的细高氯酸铵却必须保存在烘箱中(或干燥室中)备用。对于球形药，由于其吸湿性较大，必须烘干，水分含量在0.5%以下才能使用。应该指出，不同的推进剂配方对于物料的水分的要求是不一样的。浇铸双基推进剂对水分不那么敏感，可以再放宽一些水分要求。但是对于含有异氰酸酯或异氰酸酯端基的高分子预聚体的交联改性双基推进剂及复合双基推进剂，对水分的要求是严格的。因为水分与异氰酸酯基的反应放出二氧化碳，影响推进剂的质量。故要求把水分含量控制在0.2%以下，甚至要达到0.05%以下。

由于空气中水蒸气的存在，严格的水分要求是不容易做到的，尤其是在空气湿度大的季节常给生产带来困难，需要细心地防止湿空气的影响。对于特别敏感的配方，要考虑在有空调或恒温恒湿的房间内进行必要的操作。

固体物料混同可用筛混法。使干燥的细颗粒物料通过振动筛达到均匀混合的目的，通常混两三次即可。筛孔大小应使最大颗粒顺利通过。混同筛要密闭，防止粉尘飞扬。由于固体物料是由多种粒度、不同比重的颗粒组成的，因此不可能混合得非常均匀。对于配浆工艺来说，也没有必要提出高的要求，因为在捏合机中组分可以得到进一步的均匀混合。

固体物料混同是危险的操作，因为干燥物料的筛混会积聚很高的静电电压，而被混同的物料对静电放电又是很敏感的。为了防止静电危险，首要的是防止静电积聚，即混同设备要良好接地（接地电阻小于 4Ω），要有导电地面。工房中要有雨淋系统，混同过程要隔离操作。静电积聚与材料的性质关系很大，单基球形药、黑索今、奥克托今静电很大，但混含炭黑的球形药或混含铝粉的固体物料时静电较小。为了减少固体物料混同的危险性，可以取消或部分取消固体物料混同操作。例如将固体组分逐次加入配浆机中，或者把较安全的组分，如把铝粉、催化剂和球形药混在一起，而炸药组分，如黑索今、奥克托今等在配浆时单独加入，但这样做的结果使配浆操作复杂。

1.2.3 液体物料配制

液体物料配制的目的是将推进剂组分中的各种液相组分及在常温下是固态，但是却可以溶于液相的组分都混合在一起，配制成混合液体物料。混合液体物料配制有利于各组分的均匀混合，降低了液相的机械感度，同时由于将一些固态组分溶于液相中增加了液相的比例。

混合液体物料包括爆炸性增塑剂，例如硝化甘油、硝化二乙二醇、三羟甲基乙烷三硝酸酯、三乙二醇二硝酸酯、丁三醇三硝酸酯等，及非爆炸性增塑剂，例如三醋酸甘油酯、苯二甲酸酯等。常温下是固体的组分，例如中定剂、间苯二酚、2-硝基二苯胺等，可先与三醋酸甘油酯、苯二甲酸酯或者二硝基甲苯及吉纳等一起加热溶解，适当降温后再加入到硝化甘油中。

混合液体物料的配制在带有夹套的液体物料配制槽中进行。液体物料配制槽底部常做成斜底，以利于排净全部液体物料，下部有多孔的通空气的蛇管，液体物料配制时夹套保持一定温度，空气鼓泡进行搅拌，使组分混合均匀并带走一部分水分和挥发分。配制槽为铝制或不锈钢制。

液体物料配制后要真空干燥。通常要求干燥后液体物料水分含量低于 0.2%。真空干燥温度可控制在 30～40℃ 或在常温，真空度要求小于 10 mmHg(1.333 kPa)。液相物料配制罐如图 1-8 所示。

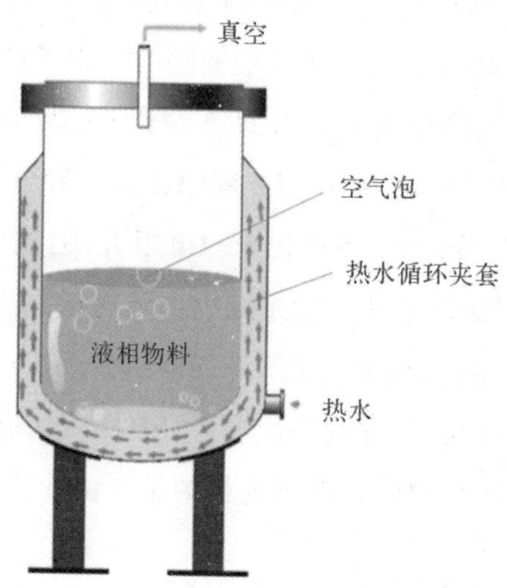

图 1-8 液相物料配制罐示意图

1.2.4 捏合工序

对于淤浆浇铸工序，捏合是在淤浆过程中完成的，它是将球形药及其他体组分与混合好的增塑剂在捏合机中混成均匀的浆状物，然后再将浆状物浇铸到预先装配好的发动机壳体(或模具)中。

淤浆浇铸工艺的主要设备是捏合机。捏合机由捏合锅和搅拌系统两部分组成，捏合机上部可配有数量不等的固体物料高位槽，准确称量的固体物料从这里加到捏合锅内，通常捏合锅放在一个液压机上，它可以使捏合锅平稳升降并支持在预定的位置上。捏合系统还要配备有真空系统、空压系统、温度调节及各种监测仪表等。所以捏合系统是淤浆浇铸工艺中最复杂的部分。以下对捏合系统的主要设备做一概略的介绍。

1.2.4.1 捏合机

捏合机是一个机械搅拌混合设备，对捏合机的首位要求是其安全性，因为改性双基推进剂的淤浆含有硝化甘油及多种炸药组分，因此它是高感度的,其摩擦感度和冲击感度与高级炸药相当。对捏合机的另一要求是对于较高黏度的药浆具有高的搅拌效率,没有搅拌不到的死角。

根据上述要求,捏合机要采用立式搅拌机,卧式捏合机因存在硝化甘油溶剂向轴衬内渗漏问题,容易产生爆炸而不能使用。捏合机的机体及搅拌系统要有很好的刚度,保证搅拌过程中不因产生明显的变形而导致碰撞。为了提高搅拌效率,常采用双轴或三轴的行星式搅拌。各搅拌轴的转速和旋转方向均不同,搅拌桨为S形,使物料产生上下翻动,因而可以在低搅拌转速(每分钟几转到几十转)的情况下有很高的搅拌效率,相反设计不良的搅拌系统在这样低的搅拌速度下会在捏合锅内形成一个药团,浮在上面,跟随搅拌桨转动,长时间不能打碎。为了消灭死角,捏合机各转动部分仅留有较小的间隙,例如570 L的立式捏合机,桨叶间的最小间隙为6.1 mm,桨叶与捏合锅壁的间隙为5.1 mm,桨叶与锅底间的间隙为4.2 mm。另外捏合机要有扭矩监测装置,防止因意外事故造成过载,各传动部分要密封,防止粉尘或药浆进入。捏合锅内表面要光滑便于清洗,捏合锅可以是平底的或球底的,球底的捏合锅可以有放料阀。捏合锅带有调温夹套。一个捏合机可以配有一个或多个捏合锅,能够方便地轮流使用,如图1-9所示。

图1-9 双桨行星立式捏合机

1.2.4.2 捏合工艺条件

捏合过程是淤浆浇铸工艺中危险性较大的操作，因此要制定详尽的安全生产操作规程并严格遵守。

捏合操作之前要空车运转，检查整个系统是否正常，特别是检查搅拌桨部分有无松动、裂纹，然后将捏合锅升到位，将定量混合液体物料加入到捏合锅内，然后在开动搅拌的情况下将高位槽中的固体物料加到捏合锅内，配成均匀的淤浆。在加料和搅拌过程中，人员要撤离，要远距离操作。

捏合通常在真空下进行，以保证不混入空气并可除去一些水分和低沸点物。捏合锅夹套通水，以调节捏合温度。配好淤浆之后，将捏合锅送到浇铸岗位。捏合主要工艺条件如下。

1. 捏合温度

通常捏合在常温下进行，但是根据不同配方的需要，捏合温度可能提高或降低，在一些情况下，为了提高浆液的黏度，以利于配成淤浆的稳定性，不发生沉降，可以先将球形药加到捏合锅中，在较高的温度下(例如 55℃)进行搅拌，由于球形药的膨润，物料黏度上升，再加入其他固体组分，混合之后物料温度下降到约 30℃。另外对于一些适用期较短的配方，为了保证有足够的浇铸时间，则在捏合时采用较低的温度(例如 18℃)，但是温度不能低于露点，否则会使空气中的水分在药浆表面凝聚，影响产品质量。

2. 加料方式

可以将固体物料混合后一次加入，也可以将各组分依次单独加入，两种办法各有利弊。在单独加入时，一些细粒度的粉状物料如铝粉、黑索今等由于流散性不良，加料困难，要加振动器。

混合可以在常压下，但更多的是在真空下进行，这可以更好地除去药浆中的空气。真空度一般控制在余压小于 10mmHg(1.333kPa)。如果采用常压下加料的方式，那么在混合后药浆中已混入较多空气，需要抽空除去。如果加料结束后立即抽空排气，就会由于混入空气的快速逸出及水分、低沸点物的汽化，在药浆内形成大量气泡，液面上升，甚至直达捏合机顶盖的传动部分，或吸到真空管路里去，发生不安全现象。因此须要采取逐步抽空的办法，使真空度逐渐升高，气泡逐渐排除。真空度的上升速度可由试验确定。

3. 搅拌时间

捏合机的搅拌是低速的，但是由于捏合机的搅拌效率很高，又因为改性双基推进剂淤浆的黏度较低（通常为复合推进剂黏度的 1/10～1/100），因此可以在较短的时间内就得到均匀的混合，通常 0.5～1 h，甚至更短的时间就可以完成。应该指出，由于配浆过程中物料的混合是在较低的剪切力下进行的，它一方面使高感度或怕碎的物料更便于加入推进剂中，给新的高能原材料的应用创造了有利条件，但是另一方面也使微量的催化剂组分不易高度均匀分散，因为低剪切力不能打开聚团的催化剂，这给改性双基推进剂燃烧性能的改善带来困难。

4. 流变性能的影响

为了研究改性双基推进剂配方在放大过程中改性双基推进剂药浆的工艺性能，用哈克流变仪对工艺放大过程改性双基推进剂药浆的流变进行了测试，检测了 30℃时改性双基推进剂药浆工艺放大后的流变特性，结果如图 1－10所示。

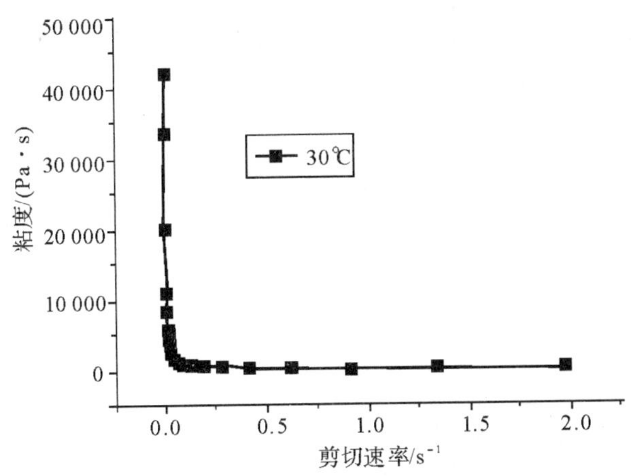

图 1－10　2L 捏合过程改性双基推进剂药浆的黏度随剪切速率流变曲线

从 2L 捏合过程改性双基推进剂药浆在 30℃下的流变曲线可以看出：随

着剪切速率的增大，改性双基推进剂药浆黏度降低的，而后趋向于一个稳定值；通过数据分析得知在低剪切速率下(0.000 1～0.1 s^{-1})，改性双基推进剂药浆黏度急剧下降，从开始的数万帕秒到几千帕秒；而从剪切速率 0.1 s^{-1}开始到 10 s^{-1}之间，随剪切速率的变化，改性双基推进剂药浆黏度变化不大，基本与趋向于一个定值，通过数据拟合得知改性双基推进剂配方改性双基推进剂药浆的黏度在 1 s^{-1}下为 357.1 Pa·s。

由 2 L 小样的工艺流变数据和放大后 5 L 与 25 L 的改性双基推进剂药浆在 30℃下的流变曲线(见图 1－11 和图 1－12)可以看出：改性双基推进剂配方工艺放大后的流变趋势是一致的，都是随着剪切速率的增大，改性双基推进剂药浆黏度降低，而后趋向于一个稳定值；通过数据分析得知在低剪切速率(0.000 1～0.1 s^{-1})下，改性双基推进剂药浆黏度急剧下降，从开始的数万帕秒到几千帕秒；而从剪切速率 0.1 s^{-1}开始到 10 s^{-1}之间，随剪切速率的变化，改性双基推进剂药浆黏度变化不大，基本与趋向于一个定值，通过数据拟合得知改性双基推进剂配方从 2 L 到 5 L 再到 25 L，改性双基推进剂药浆的黏度在 1 s^{-1}下分别为 357.1 Pa·s，279.2 Pa·s 和 285.3 Pa·s。从 1 s^{-1}下的黏度数值可以看出，改性双基推进剂配方工艺放大后，改性双基推进剂药浆的黏度有所下降，工艺性能有所改善，这可解释为改性双基推进剂配方投料工艺放大后，采用的捏合机的搅拌桨结构不同，其捏合搅拌的效果也不同。

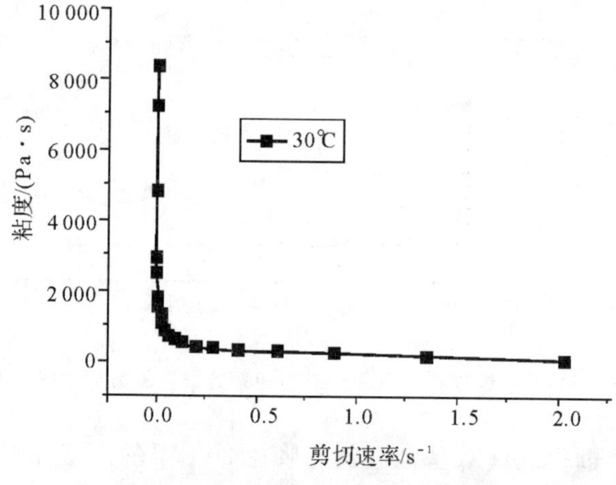

图 1－11　5L 捏合过程改性双基推进剂药浆的黏度随剪切速率流变曲线

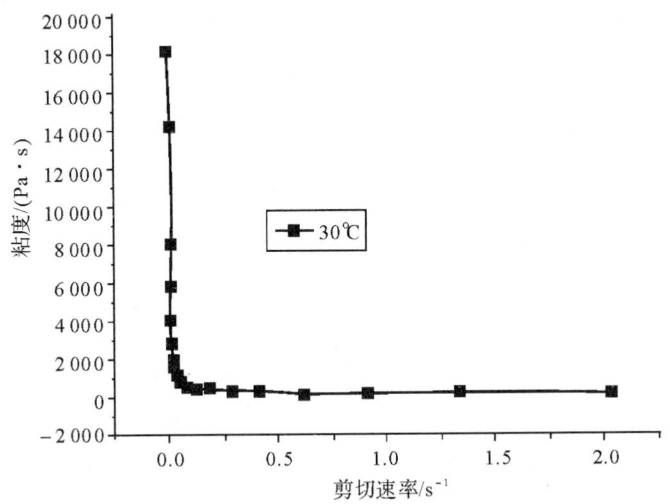

图 1－12 25L 捏合过程改性双基推进剂药浆的黏度随剪切速率流变曲线

1.2.5 浇铸工序

将药浆注入装配好的发动机(或模具)中的操作称浇铸。它是推进剂的成型过程之一。改性双基推进剂的浇铸与复合推进剂的浇铸是相似的,可以在大致相同的设备中完成。

1.2.5.1 浇铸过程和浇铸设备

为防止空气混入,获得无气孔的推进剂装药,改性双基推进剂通常采用真空顶部浇铸。配浆锅内药浆靠大气压力通过软管注入发动机中。根据发动机的情况可以使用花板或者仅由一根或几根软管将药浆注入发动机内,浇铸管口应该是扁长形,使空气容易逸出。实践表明,混在药浆中的少量空气泡在浇铸过程中是容易除去的。浇铸的开始和停止用气动管夹控制。调节浇铸罐与配浆锅之间的压差可以调节浇铸速度。浇铸罐内的真空度小于 20 mmHg(2.666 kPa)即可。过高的真空度会在药浆中产生沸腾,在药浆顶部产生泡沫,这是药浆中的微量水分的沸腾和其他微量气体逸出形成的。对于完全铸满的壳体黏结式发动机,要留有必要的沸腾高度。

浇铸设备包括浇铸罐和真空系统，改性双基推进剂的浇铸技术和设备与复合推进剂的基本相似。

1.2.5.2 药浆的流动性

作为浇铸药浆必须具有一定的流动性，流动性好才便于浇铸。改性双基推进剂的药浆黏度较低，常有较好的流动性。但是不能认为改性双基推进剂药浆的流动性一定好，在改善性能和保持良好流动性之间仍然存在着矛盾，需要综合协调。

复合推进剂的药浆是高黏度的，为了解决流动性问题，对药浆的流变特性及影响流动性的因素作了较多的研究。这方面的研究成果是可以互相借鉴的。但改性双基推进剂药浆的流动性也有其特点。对其主要影响因素讨论如下。

1. 固液比对流动性的影响

所谓固液比是指推进剂药浆中固相组分与液相组分的重量比。固液比越大，说明药浆中固相组分越多，药浆的流动性可能较差。不同的配方其固相和液相组分的组成不同，因此为保持浇铸所必需的流动性，其固液比也不同。改性双基推进剂药浆的固液比在70/30～60/40之间变化。

调整固液比是改性双基推进剂改善药浆流动性的最常用、最方便的方法。

药浆是固体颗粒在一定黏度的液相中的悬浮体系。这种体系若能流动，则液相必须能充满固体颗粒的间隙，并在颗粒周围包有必要的液膜。若体系中的液相足够多，固体颗粒周围有大量液相，则体系的黏度接近液相的黏度，流动性一定很好。随着固体颗粒含量的增加，粒子与粒子间的距离逐渐缩短，达到某种程度后，粒子与粒子之间就会出现干扰(摩擦)，使得药浆的黏度变大。如果颗粒的含量进一步增加，粒子之间的相互作用就更为突出，即粒子之间靠得如此之近，中间仅隔一层极薄的液膜，这种液膜将它们黏在一起，因而黏度急剧增加。似乎存在一个临界值，在临界值附近，固液比的少量调节，例如变化0.5%～1.0%，流动性就有明显的变化。在临界值附近，固液比的变化对药浆黏度的影响是明显的。无论改性双基推进剂还是复合推进剂,增加固体组分含量的主要目的是提高推进剂的能量。固体组分含量增加了,液体组分就相应地减少了,也就是降低了黏合剂的含量。但为了保障工艺性能和力学性能,黏合剂含量不能太低,这就使固体含量的提高受到限制。改性双基推进剂与复合推进剂相比较,在这方面所受的限制要小得多。这是因为改性双基推进剂的黏合剂是富氧含能的,因此在相当高的黏合剂含量的情况下,仍有高的能量。对于复合推进剂,由于黏合剂贫氧,只有在黏合剂含量很少的情况下,推进剂才有较高的能量。例如聚丁二烯类推进剂要获得最高比冲,要有88%左右的固体含量,而且固体含量稍降低,能量就明显下降。改性双基推进剂的黏合剂可达50%以上,且黏合剂含量的变化对能量的影响不明显。由于改性双基推进剂具有这样的特性,就给在保持高能量的前提之下改善药浆的流动性提供了有利条件。因为黏合剂含量高,又可以在物理机械性能允许的范围内调整球形药与混合剂的比例,从而可使药浆的流动性保持在较好的状态。即在流动性不好时,适当减少球形药的含量,增加液相物料的含量;在药浆太稀、黏度太小时,将部分增塑剂组分加到球形药中。总之调节固液比是改性双基推进剂浇铸工艺中解决药浆流动性的有效手段。

应该指出的是,从影响药浆的流动性的角度来说,把固液比定义为固体组分的体积与液体组分的体积之比更为准确。由于不同配方的固体组分与液体组分的比重有较大的变化,因此对于一个相同的固液比来说,其体积比可能有相当大的差别。

2. 固体颗粒的粒度分布对流动性的影响

药浆中的固体组分是具有很宽的粒度分布的散粒体,它们的粒度搭配情况(级配)影响颗粒体堆积的孔隙率,因而影响药浆的流动性。在固液比一定的条件下,孔隙率越大,流动性越差。为了改善流动性,就要尽量减少孔隙率。为此研究了固体颗粒的堆积特性,最简单的堆积要算单一粒度的刚性球体的堆积了。计算表明,这种单一粒度的刚性球(无论粒度如何)的最松散堆积的孔隙率为 $\varepsilon=47.64\%$,最紧密的堆积的孔隙率为 $\varepsilon=25.95\%$。显然,自然堆积的单一粒度的刚性球的孔隙率应在这两者之间。为了减少孔隙率，就要采用多级粒度搭配的办法，让小粒度的球体占据大粒度球体间的孔隙。比较简单的情况是二元系统的堆积，对于二元系统，每假设一种大、小球的直径比，就可以算出相对应的理想堆积的孔隙率。当小球与大球直径比为1/18～1/15时，可获得最小的孔隙率。当然多级粒度级配时可以获得更小的孔隙率。

对于改性双基推进剂系统而言，固体物料组分主要有硝化纤维素球形药、黑索今、奥克托今、铝粉、高氯酸铵和催化剂等，它们的粒度是各不相同的，甚至相差很大。例如铝粉的粒度约为10 μm，而高氯酸铵粒度可能达200 μm以上，球形药也有一个较宽的粒度分布。这些物料的混合本身就是一种粒度级配，故相对说来，除非有很高的固体含量，粒度级配问题不像复合推进剂那样突出。但是若药浆中某一固体组分含量很大时，或某一粒度的组分含量很大时，就要考虑级配问题了。例如在浇铸双基推进剂的药浆中，球形药的含量很大，可达药浆重量的60%以上。这时如只用单一粒度的球形药时，药浆的流动性就差；如采用两种粒度球形药互相搭配，在相同的固液比条件下，药浆的流动性就较好。采用两种球形药的粒度相差越大，药浆的粒度越小，即流动性越好。但是由于大颗粒的球形药不利于塑化，又容易沉降，小颗粒的球形药又较难生产，因此两种粒度的球形药的尺寸比通常不超过5∶1。对于改性双基推进剂，若某种组分占了固体物料的大部分，也要考虑级配问题。

3.固体颗粒表面性质对流动性的影响

对于推进剂药浆这种固液悬浮体系来说，其中的固体颗粒是在搅拌的情况下分散于液体介质中的，固体颗粒的堆积状态应该趋向于紧密堆积，因此其孔隙率应较低。例如复合推进剂药浆中仅含12%～14%的液体组分，折合为体积约占20%～25%，这样少的液相便赋予复合推进剂以必要的流动性。但是改性双基推进剂的液相组分常达35%～40%，若换算成体积比可达45%左右，远远高于填充颗粒孔隙所需的液体量。其主要原因是改性双基推进剂球形药与溶剂接触后即开始了膨润溶解的过程，因此一部分液相物料被球形药吸收，液相减少了，固相体积增大了，因而需要较多的液相。不同的球形药对液相物料吸收的速度不同，单基球比含一定量硝化甘油的双基球吸收液相物料快，表面疏松的球形药吸收液相物料快，小球比火球吸收得快。由于这些原因，有时会出现刚开始配浆时，药浆是可流动的，待配浆之后发现药浆已失去了流动性。故配浆浇铸工艺对球形药提出了一个要求，就是球形药要耐液相物料膨润的致密的表面层，使膨润的速度控制在一个可以允许的程度之下，其次是球形药及其他固体物料的形状和表面光滑程度也影响药浆的流动性。表面粗糙、不规则形状的颗粒不可能堆积得很紧密，即孔隙率较大，必然导致药浆的流动性变坏。如以球形药为例，某种含硝化甘油的双基球形药真密度为 1.69 g/cm^3，其假密度为 0.90～0.92 g/cm^3；另一种含奥克托今的球形药，其真密度为 1.88 g/cm^3，其假密度为 0.82～0.84 g/cm^3。假密度即是自然堆积的松装密度，可以反映出其孔隙率。计算表明，前者的孔隙率为 $\varepsilon=46.15\%$，后者的孔隙率为 $\varepsilon=85\%$。这两种球形药的粒度是相近的，造成孔隙率差别的主要原因是前者为光滑的圆球，后者呈表面有突起的土豆状。故为了获得良好的药浆流动性，希望各种固体物料组分是球形或接近球形的。

1.2.5.3 药浆的适用期和沉降问题

1. 适用期

推进剂药浆从搅拌停止到失去流动性不能浇铸中间这一段时间称为药浆的适用期。希望适用期长一些，以保证充足的浇铸时间，一般情况下适用期要大于 4～5 h。

前已述及，对于改性双基推进剂来说，球形药与混合液相物料的溶解过程是从配浆时就开始了。随着球形药的膨润溶解，药浆的黏度不断增加，到一定程度药浆失去流动性。尤其对于含有低温固化剂的配方，由于液相物料对硝化纤维素溶解能力较强，药浆在常温或稍高的温度下能固化，因此药浆的适用期较短。为了保证必要的适用期，要适当降低药浆的温度。使用爆胶

棉球形药比 3# 棉球形药有较长的适用期，因为高黏度的爆胶棉球形药在液相物料中的溶解速度慢得多。

2. 药浆的沉降

配好的药浆在浇铸过程中，尤其是在固化过程中，固体颗粒发生沉降，在药浆表面游离出一部分液相物料的现象称为药浆的沉降。药浆发生沉降会对上、下层推进剂组分的准确性有轻微的影响。更主要的是在加热固化和脱模中存在的游离硝化甘油液相物料对安全是不利的。因此要防止药浆的沉降，也就是设法降低固体颗粒在液相中的沉降速度。因为影响药浆沉降的主要因素是固体颗粒的直径和液相介质的黏度，为了防止药浆出现明显的沉降现象，在改性双基推进剂淤浆中，一般不宜使用大颗粒（如直径大于 300 μm）的固体组分。另外在液相物料中加入少量爆胶棉可以明显提高介质的黏度，也是防止浆液沉降的有效办法。少量爆胶棉对混合液相物料黏度有明显的影响。应该指出，药浆是一个高固体含量的固液悬浮体系，由于固体颗粒的相互干扰，沉降是不明显的。只有当药浆过稀，颗粒过大或者存放时间过长时才发生明显的沉降。

1.2.6 固化成型

固化过程是赋予推进剂一定药型尺寸和力学性能的工艺过程。浇铸于发动机中的推进剂组分（固液混合物），在加热的条件下，硝化纤维素被增塑剂膨润、溶解，形成具有一定形状和一定物理机械性能的推进剂药柱。对于含有交联剂的改性双基推进剂，其固化过程还包含化学交联反应。

1.2.6.1 固化机理

1.2.6.1.1 塑溶固化过程

1. 硝化纤维素被混合溶剂溶解

改性双基推进剂的黏合剂主要由硝化纤维素和硝化甘油构成，另外还含有或多或少的一种或数种增塑剂。改性双基推进剂的固化过程就是硝化纤维素被硝化甘油及增塑剂塑溶,形成高分子浓溶液的过程。

硝化纤维素是刚性线型高分子,其外观是疏松的纤维状固体材料,这种材料能直接与硝化甘油混合制成推进剂。为此需要把硝化纤维素制成具有致密表面并在一定程度上是预塑化的球形药或浇铸药粒,使其可以与硝化甘油混合,并有可控制的溶解速度,从而获得使推进剂组分均匀混合及浇铸成一定形状所需的时间。在这一段时间里完成充隙浇铸或配浆浇铸的加工过程。

在固化过程中,硝化纤维素与硝化甘油的塑溶过程是靠分子的热运动——扩散完成的。因为硝化纤维素是分子量很大的高分子,其扩散速度是很小的,因此塑溶过程只能是低分子增塑剂向聚集态的硝化纤维素大分子之间扩散,使硝化纤维素的分子间距离变大、体积增大,发生所谓溶胀现象。如果有足够量的溶剂,上述过程可一直继续下去,直到硝化纤维素分子间有了大量增塑剂分子,大分子间力不断减弱,溶剂化的硝化纤维素分子转移到液相中,即发生硝化纤维素的完全溶解,形成高分子溶液。但是在推进剂加工的情况下,增塑剂的数量是很不够的,溶解过程只能进行到一定程度,即硝化纤维素大分子只能达到一定的溶胀程度,形成高分子浓溶液。这种浓溶液黏度很大,体系不再具有流动特性,即由固液混合物变成固体推进剂。因此改性双基推进剂的固化过程是塑溶固化过程。固化后的硝化纤维素溶胀体具有很好的形状稳定性,其模量随着硝化纤维素与增塑剂比例的增加而增加,外观上看可以是柔软的弹性体直到坚硬的塑料。

塑溶过程是改性双基推进剂典型的固化过程。在塑溶固化过程中不存在副反应对固化质量的损害,故可以保证固化质量的重现性。

2.固化温度和固化时间

由上可知,分子扩散是塑溶固化的唯一推动力,由于硝化纤维素分子间作用力很大,且硝化纤维素外表的溶胀物对溶剂的进一步渗透阻力很大,故这种塑溶过程必然是很慢的。为了加快固化过程,常采用加热固化的办法。但是固化温度的提高是有限度的,要不至于引起硝酸酯的明显分解。另外对于壳体黏结式发动机来讲，高的固化温度会造成不希望的热应力的提高。一般固化温度约在50～75℃之间。对于大尺寸壳体黏结发动机的同化，为了尽量减少热应力，可以选择更低的固化温度。

从理论上讲，固化终点应该意味着增塑剂在硝化纤维素大分子间已呈均匀分布。但是主要用很长的时间，实际上是不可能的。一般规定推进剂药柱的物理机械性能已达到较好的水平，不再发生明显的变化时即为固化终点。过长的固化时间不仅时间上浪费，还会因硝酸酯的热分解而损害推进剂的性能。

固化时间因固化温度和硝化甘油混合溶剂中的增塑剂品种的不同而有很大差别。对于低温固化的推进剂，其固化时间可达1～2周；对于高温固化的推进剂可在2～3天内固化。在推进剂配方中加入少量低温固化剂——硝化纤维素的良溶剂，可以明显缩短低温固化时间。

实际上，固化的推进剂内部，球形药的边缘与中心的溶剂浓度并没有达到完全的均匀。实验数据表明，使用浇铸药粒的系统中，药粒界面处液体浓度比药粒中心处大。用^{14}C示踪的增塑剂检测表明，增塑剂与硝化纤维素之比在空隙处较药粒中心处约高10%。由于增塑剂的分布不均匀，因而固化后的推进剂还有一个相当缓慢的后固化过程。

1.2.6.1.2　影响固化的因素

1.硝化纤维素和混合液相物料的溶度参数

硝化纤维素与硝化甘油混合液相物料的溶解性能是影响固化过程的根本的内因。因为不同含氮量和分子量的硝化纤维素的溶解性能不同，加入不同增塑剂的硝化甘油混合液相物料对硝化纤维素的溶解能力也不同，因此欲得到固化质量良好的推进剂，必须要求硝化纤维素和混合液相物料有良好的互溶性。

2.球形药中硝化甘油含量对固化的影响

实践表明，无论是充隙法的浇铸药粒还是配浆法的球形药，都希望是预先部分塑化的，希望其中含有一定数量的硝化甘油（或其他增塑剂），这样可以获得固化质量良好的推进剂。

在充隙浇铸工艺中浇铸药粒含有不同质量分数的硝化甘油时，对所得到的固化产品的质量对比表明：经用中止燃烧检验，浇铸药粒中含20%硝化甘油时可得到好的固化质量。若使用仅含有1%中定剂的单基浇铸药粒时，固化质量几乎一定不好；使用10%硝化甘油的浇铸药粒时可获得中间状态。

球形药中含有一定量的增塑剂，使硝化纤维素的大分子间均匀分布有增塑剂分子，降低了硝化纤维素的分子间力。在固化过程中，增塑剂分子容易扩散进入球形药之中，获得较快较均匀的塑溶过程，因而固化质量较好。不同硝化甘油含量的球形药在混合液相物料中的溶胀速度的试验结果证实了这一点。硝化甘油含量越高，球形药的溶胀速度越快，通过对用单基球形药与含硝化甘油的双基球形药制成的改性双基推进剂的显微切片观察也可以看出，经过同样条件固化之后，双基球形药的球形基本消失，而单基球形药的边缘虽然已模糊，但球的中心却留有一个没有充分溶解的"核"。这个"核"不起黏合剂的作用，而只相当于填料。这对于硝化纤维素含量低的高能改性双基推进剂的力学性能是不利的。

从上述可知，为了获得好的固化质量，希望在浇铸球形药中加入一定数量的硝化甘油(或其他增塑剂)。但是这个数量却受配方中的液体总量的限制。例如在配浆浇铸工艺中，如把一部分硝化甘油加到球形药中，必然增加了固相组分的量，减少了液相组分的量，即固/液比值增加了，药浆的流动性下降了，甚至达到不能浇铸的程度。因此要在固化质量、工艺性能及配方综合性能允许的条件下，确定球形药中的硝化甘油含量。

3. 交联固化的影响

作为改性双基推进剂黏合剂的硝化纤维素与硝化甘油的浓溶液存在着高低温力学性能不良的缺点。这是因为硝化纤维素是刚性的线型高分子，其玻璃化温度较高，约为173～178℃。因此在低温下模量很高，只有很小的延伸率，即产品在低温时硬而脆。又因为塑溶状态的硝化纤维素分子之间没有交联，故在高温状态下分子之间可产生滑移，即产品在高温下强度低，在贮存

过程中出现塌陷问题。尤其是在黏合剂含量低的高能改性双基推进剂中，这个问题比较突出。因此要改善其力学性能，以适应发动机的使用要求。

改善力学性能普遍采用的方法是在推进剂配方中加入交联剂，使硝化纤维素交联起来，形成网状结构。由于加入交联剂在固化过程中除塑溶固化外，又加入了交联反应固化的因素，即从单纯的溶解过程变成了既包括溶解又包括化学反应的复杂过程。

当前，发展很快的交联改性双基推进剂(XLDB)及复合双基推进剂(CDB)都是采用异氰酯基与羟基反应的办法。因为异氰酸酯基与羟基的反应容易进行，并且只生成氨基甲酸酯，无别产物，所以这是一种较理想的交联方式。其反应机理如下：

$$\sim\!\!\sim\!\!<\begin{matrix}(OH)_{3-x}\\(ONO_2)_x\end{matrix} + y\,OCN-R-NCO \longrightarrow \sim\!\!\sim\!\!\begin{matrix}(OH)_{3-x-y}\\(ONO_2)_x\\(\underset{\underset{O}{\|}}{OC}-\underset{\underset{H}{|}}{N}-R-NCO)_y\end{matrix} \tag{1-2}$$

自由的异氰酸酯端基与另外的硝化纤维素反应，形成交联结构。使用低分子二异氰酸酯交联虽然能够提高高温强度，解决塌陷问题，但是改变不了硝化纤维素的刚性结构，不能降低黏合剂的玻璃化温度，对改善低温力学性能无效。故现在逐渐采用带有异氰酸酯基的预聚体来改善力学性能，即式(1-2)中的“－R－”为柔性的高分子链，例如玻璃化温度低、与硝化纤维素和硝化甘油互溶性好的聚酯预聚体。

无论低分子二异氰酸酯还是高分子预聚体都是加于混合液相物料中，作为液相组分加入推进剂中。在加热固化时与硝化纤维素进行交联反应。二异氰酸酯的量一般在1%左右，以产生轻度交联，过度交联不仅没有好处反而降低了推进剂的低温延伸率。若使用高分子预聚体，则用量比较高，可达5%～10%。在这种情况下，预聚体既是交联剂又是黏合剂的高分子主体，同时以液态加入的预聚体代替部分硝化纤维素，对改善药浆的流动性和降低药浆的感度也十分有利。

异氰酸酯基与水的反应是灵敏的，并放出有害的二氧化碳，其反应式如下：

$$R—NCO + H_2O \longrightarrow R—\underset{|\atop H}{N}—\underset{|\atop OH}{C}{=}O \longrightarrow R—NH_2 + CO_2\uparrow \tag{1-3}$$

二氧化碳在固化推进剂中造成气孔，严重损害了推进剂的质量。因此要求各种物料必须是充分干燥的，同时要控制环境的湿度。经验表明，只要严格控制工艺条件是完全可以制出质量良好的、无气孔的交联改性双基推进剂的。有的资料提出，为了消除水分的不利影响，在配浆过程中分两次加入二异氰酸酯的办法。用少量二异氰酸酯先与物料中的水分反应，并在搅拌过程中使生成的二氧化碳逸出，然后再混入其余二异氰酸酯，可以得到完全无气孔的推进剂。还有的资料报道了加入羧基聚合物及环氧固化剂交联硝化纤维素的方法。这种固化系统不存在微量水分在固化中产生气孔的问题，因而省去了费用较高又危险的严格的干燥作业。

1.2.6.2 固化工艺条件

固化箱一般为采用热水循环的烘箱。对于大尺寸发动机，由于搬运中危险性较大，固化箱常与浇铸罐合而为一。为了使大肉厚的药柱升温均匀，模芯也可通热水循环。

固化工艺条件要视所加工的发动机和推进剂的具体情况而定。对于较小的自由装填式药柱，通常采用较高的固化温度(60～75℃)，在较短的时间内(2～4 d)完成固化。由于固化温度较高，为了使升温均匀，常采用逐步升温的办法，即分几阶段升温到所需的温度，每次升温间隔 2～3 h。这种办法可使推进剂内外温差较小，固化质量较好。对于大尺寸的壳体黏结式发动机装药，为了减小热应力，要降低固化温度，通常固化温度低于 50℃，并用较长的时间，如 1～2 周的时间进行固化。固化后的降温也要缓慢进行。

显然，固化温度高，时间短，可以提高效率，但应以不引起药粒的热分解为限。固化温度低，时间长，但是降低了热应力，并且生产安全。固化过程有着火爆炸的危险,需要远距离控制固化。

1.2.6.3 固化过程中推进剂体积的收缩和加压固化技术

1.2.6.3.1 推进剂的固化收缩

经验表明,在固化过程中,推进剂的体积有收缩现象,尤其双基推进剂或黏合剂含量高的改性双基推进剂,这种现象比较明显。收缩的原因除了塑溶过程引起的体积变化外,主要是固体颗粒中的微小空隙的注填。对于配浆浇铸工艺也存在固化收缩现象,据称配浆浇铸工艺生产的浇铸双基推进剂的固化收缩率为 0.5%,而塑溶胶推进剂的固化收缩率为 0.7%。这些数据反映出一般的收缩水平。显然不同的推进剂配方的固化收缩量是不同的,对于加入大量固体填料的改性双基推进剂,固化过程中体积收缩是不利的。它可能形成固化药柱中的微小缩孔,并能在药柱内部引起内应力,严重时会引起成品药柱的裂纹,尤其是壳体黏结装药发动机,固化药柱的收缩会造成包覆层与推进剂的脱黏,使发动机报废。

1.2.6.3.2 加压固化技术

为了克服固化收缩造成的不利影响,配浆浇铸工艺可以采用加压固化技术,即在固化过程中给系统施加一定的压力。该压力可使系统产生一个预先变形,压力撤销后该变形可抵消推进剂固化中体积收缩和固化降温中体积收缩造成的应力。加压时可采用活塞向药浆施加压力,而液相物料压力可以通过活塞上的小孔传递到药浆中的液相物料相。在固化采用约 0.4 MPa(表压)的液相物料压力和约 1.4 MPa(表压)的活塞压力。

1.2.6.4 固化质量

1.2.6.4.1 气孔问题

改性双基浇铸工艺最容易出现的质量缺陷是气孔问题,即在固化推进剂成品中有数量不等的孔洞。气孔不仅降低了推进剂的物理机械性能,而且严重地威胁着内弹道性能的稳定,甚至可能导致药柱在燃烧过程中由于燃面的突然增加而爆炸。因此对推进剂产品的质量要求中都对气孔疵病有严格的限制。

由于改性双基推进剂组分是复杂多变的，产生气孔的形式和原因也是复杂的，有些问题还不清楚或存在不同的解释。

有一类孔洞是宏观的，它不属气孔的范围，实际上是浇铸工艺中的一种物理缺陷。例如在配浆浇铸工艺中，由于药浆流动性不良，出现药浆"搭桥"，固化后出现较大的孔洞(直径达几毫米)，或者由于药型复杂，浇铸药浆没有充满，固化后发现"缺肉"。

若在浇铸管路上有漏气的地方，在浇铸过程中，空气泡不断地进入液相物料或药浆中都会造成推进剂中出现较多的气孔。这种气孔比较大，如1～2 mm，并单个存在于推进剂中。

上述几种孔洞形成的原因是明显的，也不难消除。

我们所讨论的气孔是指尺寸很小，一般在1 mm以下或呈针尖状，成片或多个出现，现对这种气孔的成因做下述分析。

1. 物理原因造成的气孔

在固化的推进剂药柱表面存在成片的针尖状小孔，切开药柱内部也存在这样的小孔。在使用高氮量的硝化纤维素制造的球形药或者使用单基硝化纤维素球形药制造的推进剂中，常容易出现这种小孔。

这种小孔的成因有两种较为常见的解释：一种认为这是由固化收缩造成的"缩孔"，即在固化过程中推进剂的体积要收缩。这种收缩基本上是在完全凝固之前发生的。由于硝化纤维素结构的非均匀性，凝固不是同步的，在凝固较缓的部位，药浆还具有移动的可能，这里的药浆填充了邻近位置收缩的体积而造成空隙。另一种说法是，药浆中的固体组分的除气不彻底，吸附在球形药及其他固体物料中的微量气体在固化中释放出来，形成气孔。对这两种观点都可以找到一些实验现象为依据。

使用双基球形药可以消除这种气孔疵病。在固化中使用逐步升温的办法也有列于消除这种气孔疵病。因此可以认为第一种因素可能性较大。因为双基球形药较易固化,固化质量均匀,固化收缩小,因此产生缩孔的可能性较小。但是确实观察到了在固化过程中有气体迁移现象,这支持了后一种说法。这种气孔疵病主要出现在浇铸双基推进剂中。

2.化学因素造成的气孔

改性双基推进剂中的黏合剂基本上是由热安定性较差的硝酸酯组成的,它在加热固化过程中会由于热分解而放出气体。对于这些放气,可用加入安定剂的办法加以抑制。这虽然不能完全杜绝气体的放出,但是由于放气速率很小而不能积聚成气孔。所以浇铸双基推进剂基本上不存在由于化学反应产生气孔的情况。但是在改性双基推进剂中,加入了大量高氯酸铵、黑索今、铝粉等组分。这些组分本身的热安定性都是很好的,但是其中的高氯酸铵会因为推进剂中的微量水分而水解和解离:

$$NH_4ClO_4 \xrightarrow{H_2O} NH_4OH + HClO_4 \qquad (1-4)$$

$$HClO_4 \longrightarrow H^+ + ClO_4^-$$

高氯酸是很强的酸。解离的 H^+ 加剧了硝酸酯的热分解。同时高氯酸又是强氧化剂,对硝酸酯又有很强的氧化作用。无论是热分解的产物还是氧化产物都是不安定的,并有自动催化硝酸酯分解的作用,因此使固化放气量明显增加。另外水解产物 NH_4OH 在加热的条件下可放出 NH_3,也增加了系统的放气量。

在固化过程中的化学反应是非常复杂的,现在还远没有搞清楚反应过程和反应机理。但是实践表明,在改性双基推进剂中,由于加入了高氯酸铵而明显地出现了气孔问题。这些气孔是均匀地分布于整个药柱中的。气孔很小几乎不可见,但是却可以发现推进剂的密度下降了,或者明显地看到推进剂在固化中体积不仅不收缩而且膨胀了,严重的时候会出现像“发面”那种情况。推进剂组分的水分越大,这种气孔越严重。

加入间苯二酚或类似的物质可以抑制高氯酸铵的不稳定作用。这是因为间苯二酚是弱酸性物质,可以抑制高氯酸铵的解离,而且间苯二酚能够吸

收 NH_3，生成间氨基苯酚，吸收氮的氧化物生成硝基、亚硝基苯酚等。虽然以上说法是否准确还缺乏证据，但间苯二酚确实可以抑制改性双基推进剂中的气孔。同时，使高氯酸铵与间苯二酚共晶的办法可提高其稳定性。据称其他化合物也有消除气孔的作用。

在交联改性双基推进剂中，由于加入了异氰酸酯或其预聚体，而出现了另一类比较常出现的气孔问题。这就是异氰酸酯与水分反应放出二氧化碳的结果。

对于改性双基推进剂，化学原因产生的气孔是主要的。物料水分高，环境湿度大及固化温度高都可以加重这种气孔疵病。

1.2.6.4.2 表面收缩

在制备自由装填的药柱时，有时脱模后的药柱表面有片状的收缩斑，其深度不足 1 mm，表面粗糙，这就叫表面收缩。

表面收缩常出现在浇铸双基或含硝化纤维素较多的改性双基推进剂中。它影响产品的外观，但还没发现它对于推进剂性能的不利影响。表面收缩是由于推进剂固化中的体积收缩产生的。凡能减轻固化收缩的措施都能减轻或消除表面收缩，例如使用双基球形药、采用逐步升温固化法等都是消除表面收缩疵病的有效措施。

1.2.7 脱模、整形

脱模、整形是固化成型后的所谓“后处理”过程中的主要内容。

对于壳体黏结式发动机，脱模的主要任务是拔掉模芯。对于自由装填式药柱，不仅要拔掉模芯，而且要把推进剂药柱从模具中脱出来。脱模后的推进剂无论是壳体黏结式还是自由装填式都要用手工或机器加工的方法进行整形，使装药(药柱)的尺寸满足图纸的要求。对于固体推进剂装药(药柱)来讲，一般要全部经过探伤检查，合格者才能包装出厂。

1.2.7.1　脱模工艺过程

脱模就是发动机或模具内装药在固化以后，拔出模芯和卸除工装模具等的过程。脱模后得到一定内孔形状的发动机装药(壳体黏结)或药柱(自由装填)。脱模所用的设备有手动葫芦、气动油压千斤顶、起重专用吊车(卷扬机)以及水压机等。根据不同的发动机装药形式选择相应的脱模装置。

由于改性双基推进剂固化降温后一般体积收缩，加之在精密加工的模芯和在模芯表面上喷涂了脱模剂(如高温地蜡、常温固化硅橡胶、硅油以及聚四氟乙烯等)，所以脱模过程应该是比较容易的。脱模一般采用隔离操作，也可以采用远距离和自动控制的方法。下面仅以战术火箭发动机装药生产上所采用的一种脱模水压机为例，简要介绍脱模操作过程。

1.2.7.1.1　脱模准备

(1)检查水压机的升降、水压大小以及有无漏水情况。

(2)准备好所用的工具(包括起吊索、专用扳手、活动扳手、专用刮药刀、木锤等)。

1.2.7.1.2　脱模操作

(1)卸掉模芯固定环，把装药发动机的底座放在水压机下部的固定挡板中，上下要求准确对正。

(2)将水压机上的起吊帽与模芯孔用销钉连接好，开动水压机上升阀门拔出模芯。

(3)移开装药发动机，卸掉底部工装。

(4)将水压机下落复位，取下模芯。

1.2.7.1.3　脱模后

(1)清理模芯、固定环以及底部工装上的残药，并将其分别放回指定的地点。

(2)将脱模后的装药发动机转整形工房。

对于较大型号的发动机，则可采用底部千斤顶先把模芯顶松再用手动葫芦或卷扬机提升拔模，速度要慢，以保证过程的安全和装药几何形状的完整性。

1.2.7.2 整形工艺过程

脱膜以后的装药端面是凹凸不平的。为了得到预定设计的装药尺寸、重量和初始燃烧表面，需要将装药端面用机械加工成所要求的光滑表面。即使装药结构上用工装保证端面的形状，也须在脱模以后进行简单打修毛边皮等工作。

整形设备通常叫整形机，分卧式和立式两类。一般多用卧式整形机，它由普通机械加工车床改装而成，装药发动机慢速旋转，操作人员按要求进刀，切除端面多余的推进剂和包覆层。在用立式整形机时，发动机固定不动，由操作人员操纵整形刀作旋转运动切除多余的推进剂和包覆层。

下面仅以目前常用的卧式整形方式介绍操作过程。

1.2.7.2.1 整形准备

(1)准备好所用的工卡量具。检查整形机上的雨淋防火系统。

(2)检查整形机的卡盘、中心架等，给床子转动部分加油，开空车运转。

1.2.7.2.2 整形操作

(1)将装药发动机头部垫上橡皮套夹在整形机的卡盘上。调整中心架，先开车运转(转速 40～50 r/min)，正常后开始进刀整形。

(2)将发动机尾部药长整形至要求尺寸，测量尾部空间。

(3)测量头部空间，称量整个发动机重量，计算装药实际重量。

1.2.7.2.3 整形后

(1)将整形的残药和包覆层收集起来定期销毁。

(2)清理车床、床面上油以防止生锈。

1.3 流体力学与计算流体动力学基础

在改性双基推进剂淤浆浇铸工艺仿真的过程中，会遇到大量流体力学与计算流体力学问题，比如球形药工序中乙酸乙酯的流动、乙酸乙酯与水的混合；捏合工序中药浆在搅拌桨的作用下进行流动混合；浇铸工序中药浆在真空的作用下浇铸到模具或者发动机壳体中。因此，在开展改性双基推进剂淤浆浇铸工艺仿真研究之前，需要掌握流体力学以及计算流体力学相关知识，才能对工艺仿真有理论认识并开展深入研究。下述介绍流体力学与计算流体力学的基础知识。

1.3.1 流体力学简介

流体力学是力学的一个重要分支，是研究流体（包含气体及液体）现象以及相关力学行为的科学。它主要研究流体本身的静止状态和运动状态，以及流体和固体界壁间有相对运动时的相互作用和流动的规律，在生活、环保、科学技术及工程中具有重要的应用价值。

1.3.1.1 流体力学概述

流体流动现象大量存在于自然界及多种工程领域中，同时也广泛存在于固体推进剂制备工艺中，所有这些工程都受质量守恒、动量守恒和能量守恒等基本物理定律的支配。

因此，流体力学既包含自然科学的基础理论，又涉及工程技术科学方面的应用。

目前，研究流体力学问题的方法有理论分析研究、实验研究和数值模拟方法研究共 3 种。

流体力学理论分析的一般过程是：建立力学模型，用物理学基本定律推导流体力学数学方程，用数学方法求解方程，然后检验和解释求解结果。理论分析能揭示流动的内在规律，物理概念清晰，物理规律能公式化，具有普遍适用性，但分析范围有限，只能分析简单的流动。而且，线性问题能得到结果，非线性问题分析非常困难。

实验研究的一般过程是：在相似理论的指导下建立模拟实验系统，用流体测量技术测量流动参数，处理和分析实验数据。典型的流体力学实验有风洞实验、水洞实验、水池实验等。测量技术有热线、激光测速、粒子图像、迹线测速、高速摄影、全息照相、压力密度测量等。现代测量技术在计算机、光学和图像技术配合下，在提高空间分辨率和实时测量方面已取得长足进步。实验结果能反映工程中的实际流动规律，发现新现象，检验理论结果等，现象直观，测试结果可靠。但流体的实验研究对测试设备要求较高，设计制造周期长，且调试复杂。实验研究的方法只能得到有限的实验数据，真实模拟物理问题比较困难。

数值研究的一般过程是：对流体力学数学方程进行简化和数值离散化，编制程序进行数值计算，将计算结果与实验结果比较。常用的数值模拟方法有有限差分法、有限元法、有限体积法、边界元法、谱分析法等。计算的内容包括航空、航天、船舶、兵器等流场的计算，湍流、流动稳定性、非线性流动等的数值模拟。大型工程计算软件已成为研究工程流动问题的有力武器。数值模拟方法的优点是能计算理论分析方法无法求解的数学方程(适用于线性和非线性问题)，处理各种复杂流动问题，比实验方法省时省钱。但毕竟数值研究是一种近似求解方法，适用范围受数学模型的正确性和计算机的性能所限制。

流体力学的 3 种研究方法各有优缺点，在实际研究流体力学问题时，应结合实际问题，取长补短，互为补充和印证。

1.3.1.2 连续介质模型

像固体一样，流体也是由大量的分子组成的，而分子间都存在比分子本身尺度大得多的间隙，同时，由于每个分子都在不停地运动，因此，从微观的角度看，流体的物理量在空间分布上是不连续的，且随时间不断变化。

在流体力学中仅限于研究流体的宏观运动，其特征尺寸（如日常见到的是 m、cm、mm 的量级）比分子自由程大得多。描述宏观运动的物理参数，是大量分子的统计平均值，不是个别分子的值。在这种情形下，流体可近似用连续介质模型处理。连续介质模型认为，物质连续地分布于其所占有的整个空间，物质宏观运动的物理参数是空间及时间的可微连续函数。根据连续介质模型假设，可以把流体介质的一切物理属性，如密度、速度、压强等都看作是空间的连续函数。因而，对于连续介质模型，微积分等现代数学工具可以加以应用。

连续介质模型假设成立的条件是建立在流体平均自由程远远小于物体特征尺寸的基础上的，即

$$L \gg \lambda \tag{1-5}$$

式中，L 为求解问题中物体或空间的特征尺寸；λ 为流体分子的平均自由程。

在某些情况下，例如，在 120 km 的高空，如果空气分子的平均自由程和飞行器的特征尺寸在同一数量级，连续介质模型假设就不再成立。这时，必须把空气看成是不连续的介质，这个范围属于稀薄空气动力学范畴。

1.3.1.3　流体的基本概念及性质

1. 密度

流体的密度定义为单位体积所含物质的多少，以 ρ 表示。密度是流体的一种固有物理属性，国际单位为 kg/m^3。对于均质流体，设其体积为 V，质量为 m，其密度为

$$\rho=\frac{m}{V} \tag{1-6}$$

对于非均质流体，不同位置的密度不同。若取包含某点的流体微团，其体积为 ΔV，质量为 Δm，则该点的密度定义为

$$\rho=\lim_{\Delta V\to 0}\frac{\Delta m}{\Delta V} \tag{1-7}$$

液体和气体的密度可以查询相关手册，这里为了方便研究人员查阅，部分常见气体和液体的密度见表1－5。

表1－5 常见气体和液体的密度(25℃常压情况下)

物 质	密度/(kg/m³)	物 质	密度/(kg/m³)
环己胺	773.89	空气	1.169
癸烷	726.53	氨气	0.694
十二烷	745.73	氩气	1.613
乙醇、酒精	785.47	丁烷	2.416
重水	1 104.5	丁烯	2.416
庚烷	679.60	二氧化碳	1.784
己烷	654.78	一氧化碳	1.130
异己烷	648.60	二甲醚	1.895
异戊烷	614.98	乙烷	1.222
甲醇	786.33	乙烯	1.138
壬烷	714.09	氢气	0.081
辛烷	698.27	硫化氢	1.385
戊烷	620.83	异丁烷	2.407
R113	1 563.2	异丁烯	2.327
R123	1 463.9	氪气	3.387
R141b	1 233.8	甲烷	0.648
R365mfc	1 257.1	氖气	0.814
甲苯	862.24	新戊烷	3.021
水	997.05	氮气	1.130
碳酸二甲酯	1061.5	一氧化二氮	1.785
碳酸二乙酯	970.12	氧气	1.292
甲基叔丁醚	734.91	仲氢	0.081

2. 质量力和表面力

作用在流体微团上的力可分为质量力与表面力。

与流体微团质量大小有关并且集中作用在微团质量中心上的力称为质量力，如在重力场中的重力 mg、直线运动的惯性力 ma 等。质量力是一个矢量，一般用单位质量所具有的质量力来表示，其形式为

$$f = f_x i + f_y j + f_z k \tag{1-8}$$

式中，f_x，f_y，f_z 为单位质量力在 x，y，z 轴上的投影，或简称为单位质量分力。

大小与表面面积有关而且分布作用在流体表面上的力称为表面力。表面力按其作用方向可分为两种：一种是沿表面内法线方向的压力，称为正压力；另一种是沿表面切向的摩擦力，称为切向力。

作用在静止流体上的表面力只有表面内法线方向的正压力，单位面积上所受到的表面力称为这一点处的静压强。静压强有两个特征：静压强的方向垂直指向作用面；流场内一点处静压强的大小与方向无关。

对于理想流体流动，流体质点只受到正压力，没有切向力。对于黏性流体流动，流体质点所受到的表面力既有正压力，也有切向力。单位面积上所受到的切向力称为切应力。对于一元流动，切应力由牛顿内摩擦定律给出；对于多元流动，切应力可由广义牛顿内摩擦定律求得。

3. 绝对压强、相对压强和真空度

单位面积上受到的压力叫作压强。在流体静力学中压强的定义是：作用在浸没于流体中物体表面上单位面积上的法向正应力。

压强在国际单位制中的单位是 N/m^2 或者 Pa(Pascal，帕斯卡)。另外压强也常用液柱高(汞柱、水柱等)、标准大气压(atm)和 bar 等单位进行度量，常用转换关系如下：

$$\left.\begin{aligned} &1\ Pa = 1\ N/m^2 \\ &1\ bar = 10^5\ Pa \\ &p = \rho g h \\ &1\ atm = 10.33\ mH_2O = 760\ mmHg = 101\ 325\ Pa \end{aligned}\right\} \tag{1-9}$$

一个标准大气压的压强是 760 mmHg，相当于 101 325 Pa，通常用 p_{atm} 表示。

若压强大于标准大气压，则以标准大气压为计算基准得到的压强称为相对压强，也称为表压强(Gauge Pressure)，通常用 p_r 表示。

在 FLUENT 软件中求解器运算过程中实际使用的压强值都是表压强。FLUENT 中默认的参考压力为一个标准大气压，用户可以指定参考压力。

若压强小于标准大气压，则压强低于大气压的值就称为真空度，通常用 p_v 表示。

绝对压强 p_s、相对压强 p_r 和真空度 p_v 之间的关系为

$$p_r = p_s - p_{atm} \tag{1-10}$$

$$p_v = p_{atm} - p_s$$

在 FLUENT 中，如果用户将参考压力设置为 0，表压强就等于绝对压强，有时候这么做可以方便边界条件的设置。

在流体力学中有如下约定：对于液体来说，压强用相对压强；对于气体，特别是马赫数大于 0.3 的流动，压强用绝对压强。

4. 静压、动压和总压

物体在流体中运动时，在正对流体运动的方向的表面，流体完全受阻，此处的流体速度为 0，其动能转变为压力能，压力增大，其压力称为全受阻压力(简称全压或总压)，它与未受扰动处的压力(即静压)之差称为动压，即

$$p_t = p + \rho v^2/2$$

式中，p_t 为总压；p 为静压；$\rho v^2/2$ 为动压；ρ 为流体密度；v 为流体速度。也可以表达为：对于不考虑重力的流动，总压就是静压和动压之和。

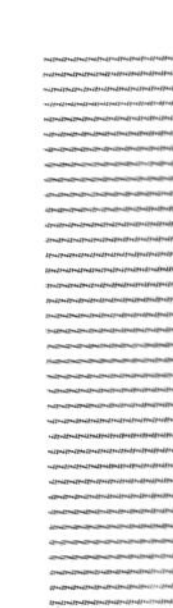

根据伯努利方程的物理意义可知，对于一条理想流体，在一条流线上流体质点的机械能是守恒的，不可压缩流动的表达式为

$$p/g + v^2/2g + z = H \tag{1-11}$$

式中，p/g 称为压强水头，也是压能项；p 为静压；$v^2/2g$ 为速度水头，也是动

能项；z 为位置水头，也是重力势能项。这三项之和就是流体质点的总机械能，等式右边的 H 称为总水头。

将式中的左、右两边同时乘以 ρg，则有

$$p\rho + \rho v^2/2 + \rho g z = \rho g H \tag{1-12}$$

5. 黏性

黏性是施加于流体的应力和由此产生的变形速率以一定的关系联系起来的流体的一种宏观属性，表现为流体的内摩擦。由于黏性的耗能作用，在无外界能量补充的情况下，运动的流体将逐渐停止下来。

黏性对物体表面附近的流体运动产生重要作用，使流速逐层减小并在物面上为零，在一定条件下也可使流体脱离物体表面。

黏性又称黏性系数、动力黏度，记为 μ。牛顿黏性定律指出，在纯剪切流动中，相邻两流体层之间的剪应力（或黏性摩擦应力）为

$$\tau = \mu \cdot \mathrm{d}u/\mathrm{d}y \tag{1-13}$$

式中，τ 为剪切应力；$\mathrm{d}u/\mathrm{d}y$ 为垂直流动方向的法向速度梯度。黏性数值等于单位速度梯度流体所受的剪应力。

速度梯度也表示流体运动中的角变形率，故黏性也表示剪应力与角变形率之间比值关系。按国际单位制，黏性的单位为 kg/(m · s)。

黏性系数与密度之比称为运动黏性系数（运动黏度），常记作 ν，则有

$$\nu = \mu/\rho \tag{1-14}$$

液体的黏性系数随温度的增加而减小，气体的黏性系数随温度的增加而变大。对于气体而言，黏性系数与温度的关系可以用萨瑟兰公式表示为

$$\mu/\mu_0 = (T/T_0)^n \tag{1-15}$$

式中，μ_0 和 T_0 分别为参考黏性系数和参考温度。

这里为了方便读者，部分常见气体和液体的动力黏度和运动黏度见表1-6。

表 1-6 常见气体和液体的动力黏度和运动黏度(25℃常压情况下)

物 质	动力黏度/(μPa·s)	运动黏度/(mm²/s)	物 质	动力黏度/(μPa·s)	运动黏度/(mm²/s)
环己胺	884.69	1.143	空气	18.448	15.787
癸烷	848.10	1.167	氨气	10.093	14.539
十二烷	1358.8	1.822	氩气	22.624	14.030
乙醇、酒精	1084.9	1.381	丁烷	7.406	3.065
重水	1095.1	0.991	丁烯	8.163	3.507
庚烷	388.48	0.572	二氧化碳	14.932	8.369
己烷	296.28	0.452	一氧化碳	17.649	15.614
异己烷	272.80	0.421	二甲醚	9.100	4.801
异戊烷	216.43	0.352	乙烷	9.354	7.654
甲醇	543.71	0.691	乙烯	10.318	9.066
壬烷	654.01	0.916	氢气	8.915	109.69
辛烷	509.72	0.730	硫化氢	12.387	8.942
戊烷	217.90	0.351	异丁烷	7.498	3.115
R113	653.61	0.418	异丁烯	8.085	3.474
R123	417.60	0.285	氪气	25.132	7.419
R141b	408.35	0.331	甲烷	11.067	17.071
R365mfc	407.56	0.324	氖气	31.113	38.239
甲苯	556.25	0.645	新戊烷	7.259	2.403
水	890.08	0.893	氮气	17.805	15.753
碳酸二甲酯	582.02	0.548	一氧化二氮	14.841	8.314
碳酸二乙酯	751.9	0.775	氧气	20.550	15.910
甲基叔丁醚	330.02	0.449	仲氢	8.915	109.69

6. 传热性

气体中沿某一方向存在温度梯度时，热量就会由温度高的地方传向温度低的地方，这种性质称为气体的传热性。实验证明，单位时间内所传递的热

量与传热面积成正比，与沿热流方向的温度梯度成正比，即

$$q=-\lambda \cdot \partial T/\partial n \tag{1-16}$$

式中，q 为单位时间通过单位面积的热量；负号表示热流量传递的方向永远和温度梯度 $\partial T/\partial n$ 的方向相反。

流体的热导率 λ 随流体介质而不同，同一种流体介质的热导率随温度变化而略有差异。

7. 扩散性

当流体混合物中存在组元的浓度差时，浓度高的地方将向浓度低的地方输送该组元的物质，这种现象称为扩散。

流体的宏观性质，如扩散、黏性和热传导等，是分子输运性质的统计平均。由于分子的不规则运动，在各层流体间交换着质量、动量和能量，使不同流体层内的平均物理量均匀化。这种性质称为分子运动的输运性质。质量输运在宏观上表现为扩散现象，动量输运表现为黏性现象，能量输运则表现为热传导现象。

理想流体忽略了黏性，即忽略了分子运动的动量输运性质，因此，在理想流体中也不应考虑质量和能量输运性质——扩散和热传导，它们具有相同的微观机制。

8. 流线和迹线

所谓流线，就是这样一种曲线，在某时刻，曲线上任意一点的切线方向正好与那一时刻该处的流速方向重合。可见，流线是由同一时刻的不同流点组成的曲线，它给出了该时刻不同流体质点的速度方向，是速度场的几何表示。

所谓迹线，就是流体质点在各时刻所行路径的轨迹线(或流体质点在空间运动时所描绘出来的曲线)，如推进剂药浆流动的轨迹、喷气式飞机飞过后留下的尾迹、台风的路径、船在小河中行走的路径等。

流线具有以下性质：同一时刻的不同流线，不能相交；流线不能是折线，而是一条光滑的曲线；流线族的疏密反映了速度的大小；实际流场中，除驻点

或奇点外，流线不能突然转折。

流线的微分方程为

$$dx/u(x,y,z,t)=dy/v(x,y,z,t)=dz/w(x,y,z,t) \tag{1-17}$$

式中，$u(x,y,z,t)$，$v(x,y,z,t)$ 和 $dz/w(x,y,z,t)$ 分别表示点(x,y,z)在 t 时刻的速度在 x，y 和 z 方向上的分量。

迹线的微分方程为

$$\begin{aligned} dx/u[x(t),y(t),z(t),t] &= dy/v[x(t),y(t),z(t),t] \\ &= dz/w[x(t),y(t),z(t),t]=dt \end{aligned} \tag{1-18}$$

式中，t 为关于时间的自变量；$x(t)$，$y(t)$，$z(t)$ 为 t 时刻此流体质点的空间位置；u，v 和 w 分别为流体分别为流体质点速度在 x，y 和 z 方向上的分量。

对于定常流动，流线的形状不随时间变化，而且流体质点的迹线与流线重合。

9. 流量和净通量

(1) 流量。单位时间内流过某一控制面的流体体积称为该控制面的流量 Q，其单位为 m^3/s。若单位时间内流过的流体是以质量计算的，则称为质量流体 Q_m，不加说明时，“流量”一词概指体积流量。在曲面控制面上，则有

$$Q=\iint_A v\cdot n\mathrm{d}A \tag{1-19}$$

(2) 净流量。在流场中取整个封闭曲面作为控制面 A，封闭曲面内的空间称为控制体。流体经一部分控制面流入控制体，同时也有流体经另一部分控制面从控制体中流出。此时流出的流体减去流入的流体，所得出的流量称为流过全部封闭控制面 A 的净流量(或净通量)，计算式为

$$q=\oiint_A v\cdot n\mathrm{d}A \tag{1-20}$$

对于不可压流体来说，流过任意封闭控制面的净通量等于 0。

10. 流速和声速

当把流体视为可压缩流体时，扰动波在流体中的传播速度是一个特征

值，称为声速。声速方程式的微分形式为

$$c=\sqrt{\frac{\mathrm{d}p}{\mathrm{d}\rho}} \tag{1-21}$$

声音在气体中的传播过程是一个等熵过程。将等熵方程式 $p=c\rho^k$ 代入式中，并由理想气体状态方程 $p=\rho RT$，得到声速方程为

$$c=\sqrt{kRT} \tag{1-22}$$

对于空气来说，$k=1.4$，$R=287\ \mathrm{J/(kg\cdot K)}$，得到空气中的声速为

$$c=20.1\sqrt{T} \tag{1-23}$$

流速是流体流动的速度，而声速是扰动波的传播速度，两者之间的关系为

$$v=Ma\cdot c \tag{1-24}$$

式中，Ma 称为马赫数。

11. 马赫数和马赫锥

(1) 马赫数。流体流动速度 v 与当地声速 c 之比称为马赫数，用 Ma 表示为

$$Ma=v/c \tag{1-25}$$

$Ma<1$ 的流动称为亚声速流动，$Ma>1$ 的流动称为超声速流动，$Ma>3$ 的流动称为高超声速流动。

(2) 马赫锥。对于超声速流动，扰动波传播范围只能允许充满在一个锥形的空间内，这就是马赫锥，其半锥角 θ 称为马赫角，计算公式为

$$\sin\theta=1/Ma \tag{1-26}$$

1.3.1.4 流体流动分类

1. 理想流体与黏性流体

如果忽略流动中流体黏性的影响，则可以近似地把流体看成是无黏的，称为无黏流体(inviscid liquid)，也叫作理想流体。这时的流动称为理想流

动，理想流体中没有摩擦，也就没有耗散损失。事实上，真正的理想流体是不存在的。但是在一定的情形下，至少在特定的流动区域中，某些流体的流动非常接近于理想的流动条件，在分析处理中可以当作理想流体。

例如，在空气绕物体的流动（空气动力学）中，除去邻近与物体表面的薄层（称为边界层）之外，在其余的流动区域中，空气动力学中都处理成理想流动，此时所求解的控制方程组是不考虑黏性的欧拉方程组。

2. 牛顿流体与非牛顿流体

根据内摩擦剪应力与剪应力应变率的关系不同，黏性流体又可分为牛顿流体与非牛顿流体。

如果流体的剪应力与剪应力应变率遵守牛顿内摩擦定律，即 $\tau=\mu\cdot du/dy$，则这种流体就称为牛顿流体。尽管这个线性的牛顿关系式只是一种近似，但是却很好地适用于一类范围很广的流体。水、空气和气体等绝大多数工业中常用的流体都是牛顿流体。

对于某些物质而言，剪应力不只是速度梯度的函数（速度梯度和剪应变率是相同的），通常还可以是应变的函数，这种物质称为黏-弹性流体。剪应力只依赖于速度梯度的简单黏性流体，也可以不是牛顿流体。

事实上存在这样的流体，其剪应力与应变率之间有着相当复杂的非线性关系。如果流体的应力-应变关系还取决于实际的工况，即应变工况，则称为触变流体（如推进剂药浆）。

非牛顿流体具有塑性行为，其特征是有一个表现的屈服应力，在达到表现的屈服应力之前，流体的性态像固体一样，一旦超过这个表现的屈服应力，则和黏性流体一样。

塑性流体的另一个极端情形是：在低应变率时，黏性系数很小，很容易流动，但随着应变率的增加，变得越来越像固体（如流沙）。这种流体称为膨胀流体。在图中用曲线说明了牛顿流体和非牛顿流体的特征如图 1－13 所示。

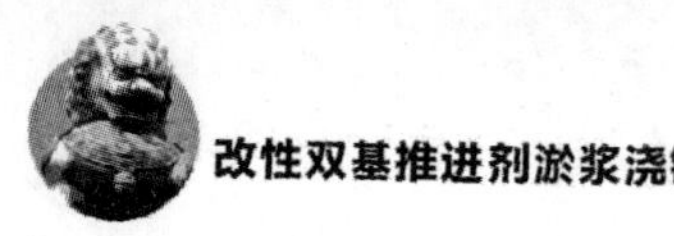

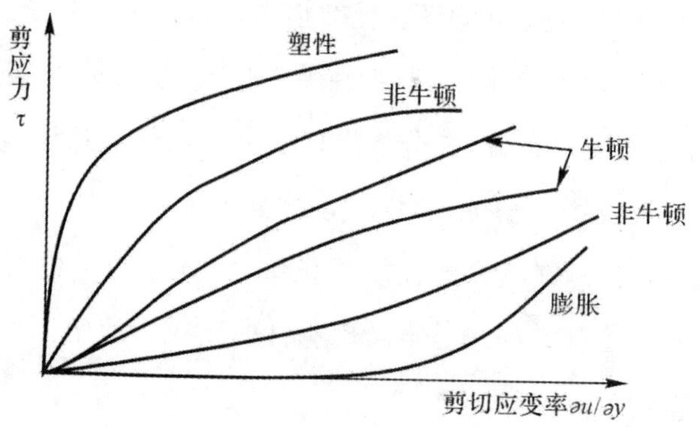

图 1-13 牛顿流体与非牛顿流体

3. 可压流体与不可压流体

流体的压缩性是指在外界条件变化时，其密度和体积发生了变化。这里的条件有两种，一种是外部压强发生了变化，另一种就是流体的温度发生了变化。描述流体的压缩性常用以下两种量。

(1) 流体的等温压缩率 β。当质量为 m，体积为 V 的流体外部压强发生 Δp 的变化时，相应其体积 ΔV 也发生了的变化，则定义流体的等温压缩率为

$$\beta=-\Delta V/V/\Delta p \tag{1-27}$$

这里的负号是考虑到 ΔV 与 Δp 总是符号相反的缘故；β 的单位为 Pa^{-1}。流体等温压缩率的物理意义是，当温度不变时，每增加单位压强所产生的流体体积的相对变化率。

考虑到压缩前、后流体的质量不变，式(1-27)还有另外一种表示形式，即

$$\beta=\mathrm{d}\rho/\rho\mathrm{d}p \tag{1-28}$$

将理想气体状态方程代入式(1-28)，得到理想气体的等温压缩率为

$$\beta=1/p \tag{1-29}$$

(2) 流体的体积膨胀系数 α。当质量为 m，体积为 V 的物体温度发生 ΔT 的变化时，相应其体积也发生了 ΔV 的变化，则定义流体的体积膨胀系数为

$$\alpha=\Delta V/V/\Delta T \tag{1-30}$$

考虑到膨胀前后流体的质量不变，体积膨胀系数还有另外一种表示形

式，即

$$\alpha = -\mathrm{d}\rho/\rho \mathrm{d}T \tag{1-31}$$

这里的负号是考虑到随着温度的升高，体积必然增大，则密度必然减少；α 的单位为 K^{-1}。体积膨胀系数的物理意义是，当压强不变时，每增加单位温度所产生的流体体积的相对变化率。

对于物理气体，将气体状态方程代入体积膨胀系数公式，可得

$$\alpha = 1/T \tag{1-32}$$

在研究流体流动过程时，若考虑到流体的压缩性，则称为可压缩流动，相应地称流体为可压缩流体，如马赫数较高的气体流动。若不考虑流体的压缩性，则称为不可压缩流动，相应地称流体为不可压缩流体，如水、油等液体的流动。

4. 定常流动与非定常流动

根据流体流动过程以及流动过程中的物理参数是否与时间相关，可将流动分为定常流动与非定常流动两种。

流体流动过程中，各物理量均与时间无关的流动称为定常流动。

流体流动过程中，某个或某些物理量与时间有关的流动称为非定常流动。

5. 层流流动与湍流流动

流体的流动分为层流流动和湍流流动，从试验的角度来看，层流流动就是流体层与层之间相互没有任何干扰，层与层之间既没有质量的传递也没有动量的传递；而湍流流动中层与层之间相互有干扰，而且干扰的力度还会随着流动的加速而加大，层与层之间既有质量的传递，又有动量的传递。

判断流动是层流还是湍流，是看其雷诺数是否超过临界雷诺数。雷诺数的定义为

$$Re = vL/\eta \tag{1-33}$$

式中，v 为截面的平均速度；L 为特征长度；η 为流体的运动黏度。

对于圆形管内流动，特征长度 L 取圆管的直径 d，即

$$Re = vd/\eta \tag{1-34}$$

一般认为临界雷诺数为 2 000，$Re < 2\ 000$ 时，管内流动是层流，否则为湍流。

对于异型管道内的流动，特征长度 L 取水力直径 d_H，则雷诺数的计算式为

$$Re = vd_H/\eta \tag{1-35}$$

异型管道水力直径的定义为

$$d_H = 4A/S \tag{1-36}$$

式中，A 为过流断面的面积；S 为过流断面上流体与固体接触的周长，称为湿周。

1.3.1.5　流体流动描述的方法

描述流体物理量有拉格朗日描述和欧拉描述两种方法。

拉格朗日(Lagrange) 描述也称随体描述，它着眼于流体质点，并认为流体质点的物理量是随流体质点及时间变化的，即把流体质点的物理量表示为拉格朗日坐标及时间的函数。

设拉格朗日坐标为(a,b,c)，以此坐标表示的流体质点的物理量，如矢径、速度、压强等在任意时刻 t 的值，便可以写为 a、b、c 及 t 的函数。

若以 f 表示流体质点的某一物理量，其拉格朗日描述的数学表达式为

$$f = f(a,b,c,t) \tag{1-37}$$

例如，设时刻 t 流体质点的矢径，即 t 时刻流体质点的位置以 r 表示，其拉格朗日描述为

$$r = r(a,b,c,t) \tag{1-38}$$

同样，质点速度的拉格朗日描述为

$$v = v(a,b,c,t) \tag{1-39}$$

欧拉描述也称空间描述，它着眼于空间点，认为流体的物理量随空间点及时间而变化，即把流体物理量表示为欧拉坐标及时间的函数。设欧拉坐标为(q_1,q_2,q_3)，用欧拉坐标表示的各空间点上的流体物理量，如速度、压强

等，在任意时刻 t 的值，可写为 q_1、q_2、q_3 及 t 的函数。

从数学分析知道，某时刻一个物理量在空间的分布一旦确定，该物理量在此空间形成一个场。因此，欧拉描述实际上描述了一个个物理量的场。

若以 f 表示流体的一个物理量，其欧拉描述的数学表达式为（设空间坐标取用直角坐标）

$$f=F(x,y,z,t)=F(r,t) \tag{1-40}$$

如流体速度的欧拉描述为

$$v=v(x,y,z,t) \tag{1-41}$$

拉格朗日描述着眼于流体质点，将物理量视为流体坐标与时间的函数；欧拉描述着眼于空间点，将物理量视为空间坐标与时间的函数。它们可以描述同一物理量，必定互相相关。

设表达式 $f=f(a,b,c,t)$ 表示流体质点在 t 时刻的物理量；表达式 $f=F(x,y,z,t)$ 表示空间点 (x,y,z) 在时刻 t 的同一物理量。如果流体质点 (a,b,c) 在 t 时刻恰好运动到空间点 (x,y,z) 上，则应有

$$\left.\begin{aligned} x&=x(a,b,c,t)\\ y&=y(a,b,c,t)\\ z&=z(a,b,c,t) \end{aligned}\right\} \tag{1-42}$$

$$F(x,y,z,t)=f(a,b,c,t) \tag{1-43}$$

事实上，将式(1-42)代入式(1-43)左端，则有

$$F(x,y,z,t)=F[x(a,b,c,t),y(a,b,c,t),z(a,b,c,t),t]=f(a,b,c,t) \tag{1-44}$$

或者反解式(1-42)，可得

$$\left.\begin{aligned} a&=a(x,y,z,t)\\ b&=b(x,y,z,t)\\ c&=c(x,y,z,t) \end{aligned}\right\} \tag{1-45}$$

将式(1-45)代入式(1-43)的右端，可得

$$f(a,b,c,t)=f[a(x,y,z,t),b(x,y,z,t),c(x,y,z,t),t]=$$

$$F(x,y,z,t) \tag{1-46}$$

由此，可以通过拉格朗日描述推出欧拉描述，同样也可以由欧拉描述推出拉格朗日描述。

1.3.2 计算流体力学简介

1.3.2.1 计算流体力学的发展

流体力学的基本方程组非常复杂，在考虑黏性作用时更是如此，如果不靠计算机，就只能对比较简单的情形或简化后的欧拉方程或 N－S 方程进行计算。20 世纪三四十年代，对于复杂而又特别重要的流体力学问题，曾组织过人力用几个月甚至几年的时间做数值计算，比如圆锥做超声速飞行时周围的无黏流场就从 1943 年一直算到 1947 年。

数学的发展，计算机的不断进步，以及流体力学各种计算方法的发明，使许多原来无法用理论分析求解的复杂流体力学问题有了求得数值解的可能性，这又促进了流体力学计算方法的发展，并形成了"计算流体力学"。

从 20 世纪 60 年代起，在飞行器和其他涉及流体运动的课题中，经常采用电子计算机做数值模拟，这可以和物理实验相辅相成。数值模拟和实验模拟相互配合，使科学技术的研究和工程设计的速度加快，并节省开支。数值计算方法最近发展很快，其重要性与日俱增。

自然界存在着大量复杂的流动现象，随着人类认识的深入，人们开始利用流动规律来改造自然界。最典型的例子是人类利用空气对运动中的机翼产生升力的机理发明了飞机。航空技术的发展强烈推动了流体力学的迅速发展。

流体运动的规律由一组控制方程描述。计算机没有发明前，流体力学家们在对方程经过大量简化后能够得到一些线性问题解。但实际的流动问题大都是复杂的非线性问题，无法求得精确的解。计算机的出现以及计算技术的迅速发展使人们直接求解控制方程组的梦想逐步得到实现，从而催生了计

算流体力学这门交叉学科。

计算流体力学是一门用数值计算方法直接求解流动主控方程（Euler 或 N－S 方程）以发现各种流动现象规律的学科。它综合了计算数学、计算机科学、流体力学、科学可视化等多种学科。广义的 CFD（Computational Fluid Dynamics）包括计算水动力学、计算空气动力学、计算燃烧学、计算传热学、计算化学反应流动，甚至数值天气预报也可列入其中。

自 20 世纪 60 年代以来，CFD 技术得到飞速发展，其原动力是不断增长的工业需求，而航空航天工业自始至终是最强大的推动力。传统飞行器设计方法实验昂贵、费时，所获信息有限，迫使人们用先进的计算机仿真手段来指导设计，大量减少原型机实验，缩短研发周期，节约研究经费。60 年来，CFD 在湍流模型、网格技术、数值算法、可视化、并行计算等方面取得飞速发展，并给工业界带来了革命性的变化。如在汽车工业中，CFD 和其他计算机辅助工程（CAE）工具一起，使原来新车研发需要上百辆样车减少为目前的十几辆车；国外飞机厂商用 CFD 取代大量实物实验，如美国战斗机 YF－23 采用 CFD 进行气动设计后比前一代 YF－17 减少了 60％的风洞实验量。目前在航空、航天、汽车等工业领域，利用 CFD 进行的反复设计、分析、优化已成为标准的必经步骤和手段。

计算流体动力学是流体力学的一个重要分支，通过计算机模拟获得某种流体在特定条件下的有关信息，实现了用计算机代替试验装置完成“计算试验”，为工程技术人员提供了实际工况模拟仿真的操作平台，已广泛应用于航空航天、热能动力、土木水利、汽车工程、铁路、船舶工业、化学工程、流体机械和环境工程等领域。

CFD 的基本定义是通过计算机进行数值计算和图像显示，分析包含流体流动和热传导等相关物理现象的系统。CFD 进行流动和传热现象分析的基本思想是用一系列有限个离散点上的变量值的集合来代替将空间域上连续的物理量的场，如速度场和压力场；然后，按照一定的方式建立这些离散点上场变量之间关系的代数方程组，通过求解代数方程组获得场变量的近

似值。

CFD可以看成在流动基本方程(质量守恒方程、动量守恒方程、能量守恒方程)控制下对流动的数值模拟。通过这种数值模拟,得到复杂问题基本物理量(如速度、压力、温度、浓度等)在流场内各个位置的分布,以及这些物理量随时间的变化情况,确定旋涡分布特性、空化特性及脱流区等。还可据此算出相关的其他物理量,如旋转式流体机械的转矩、水力损失和效率等。此外,与CAD联合,还可进行结构优化设计等。

CFD具有适应性强、应用面广的优点。由于流动问题的控制方程一般是非线性的,自变量多,计算域的几何形状和边界条件复杂,很难求得解析解,只有用CFD方法才有可能找出满足工程需要的数值解,而且可利用计算机进行各种数值试验,例如,选择不同流动参数进行物理方程中各项有效性和敏感性试验,从而进行方案比较。另外,CFD方法不受物理模型和实验模型的限制,省钱省时,有较多的灵活性,能给出详细和完整的资料,很容易模拟特殊尺寸、高温、有毒、易燃等真实条件和实验中只能接近而无法达到的理想条件。

CFD也存在一定的局限性。①数值解法是一种离散近似的计算方法,依赖于物理上合理、数学上适用,适合在计算机上进行计算的离散的有限数学模型,且最终结果不能提供任何形式的解析表达式,只是有限数量离散点上的数值解,并有一定的计算误差;②它不像物理模型实验一开始就能给出流动现象并定性地描述,往往需要由原体观测或物理模型试验提供某些流动参数,并需要对建立的数学模型进行验证,而且程序的编制及资料的收集、整理与正确利用,在很大程度上依赖于经验与技巧。此外,因数值处理方法等原因有可能导致计算结果的不真实,例如产生数值黏性和频散等伪物理效应。③CFD涉及大量数值计算,需要较高的计算机软硬件配置。

CFD方法与传统的理论分析方法、实验测量方法组成了研究流体流动问题的完整体系。CFD数值计算与理论分析、实验观测是相互联系、相互促进的关系,但不能完全替代,各有各的适用场合。在实际工作中,需要注意三

者有机的结合。

当前CFD的规模为:机理研究方面如湍流直接模拟,网格数达到了10^9(十亿)量级,在工业应用方面,网格数最多达到了10^7(千万)量级。

与实验研究相比,理论计算具有花费少、速度快、信息完整、模拟能力强等优点,特别是大量的计算流体力学软件的出现,大大减少了计算流体力学研究的工作量,从而扩大了计算流体力学的应用范围,推动了流体力学更深入的发展。计算流体力学还不是一项很成熟的技术,在用计算流体力学对流动现象进行预测的时候,需要对复杂的流动现象进行处理,然后用数学模型来描述它,计算的结果既取决于计算方法,也取决于数学模型本身,如果数学模型的描述不够精确,甚至不恰当,其计算结果也就没有任何价值可言。尽管作为一门新兴的学科,计算流体力学还有缺陷,但它会随着技术的进步和发展而日趋成熟,并将在化工领域得到广泛的应用。一个完整的计算流体力学模型应包含以下几方面的内容:

(1)本构方程,即流体力学基本方程:连续性方程(质量方程)、动量方程、能量方程、状态方程等。

(2)湍流模型,不同于层流,必须考虑流体单元的脉动速度,脉动是湍流流动的基本特征。从模型的建立及求解过程可以看出,其实质是寻找出由脉动引起的运动黏度的表达式。

(3)多相流模型。对于多相流模拟计算来说,基本的湍流模型还不够用,需要进一步寻找各相运动规律及相间作用力规律。

(4)模型的求解数值方法。对模型进行计算时,需要选择好的差分格式、松弛因子、时间步长等,以使结果收敛,尽量减少CPU运算时间。

1.3.2.2 计算流体力学的定义

计算流体动力学是建立在经典流体力学与数值计算方法基础上的新型独立的学科,通过计算机数值计算和图像显示的方法,在时间和空间上定量描述流场的数值解,从而达到对物理问题研究的目的。它兼有理论性和实践性的双重特点,建立了理论和方法,为现代科学中许多复杂流动和传热问题

提供了有效的计算技术。

计算流体动力学(CFD)是通过计算机数值计算和图像显示,对包含流体流动和热传导等相关物理现象的系统所做的分析。它的基本思想是:把原来在时间域及空间域上连续的物理量的场,如速度场和压力场,用一系列有限个离散点上的变量值的几何来代替,通过一定的原则和方式建立起来的关于这些离散点上场变量之间关系的代数方程组,然后求解代数方程组获得场变量的近似值。

CFD方法和传统的理论分析方法、实验测量方法组成了研究流体流动问题的完整体系。

理论分析方法的优点在于所得结果具有普遍性,各种影响因素清晰可见,是指导实验研究和验证数值计算方法的理论基础,但是它往往要求对计算进行抽象和简化,才可能得出理论解。对于非线性情况,只有少数流动才能给出解的结果。

实验测量方法所得到的实验结果真实可信,它是理论分析和数值方法的基础,其重要性不容低估。然而,实验往往受到模型尺寸、流场流动、人身安全和测量精度的限制,有时可能很难通过实验的方法得到满意的结果。

而CFD方法恰好克服了前面两种方法的弱点,在计算机上实现一个特定的计算,就好像在计算机上做一个物理实验。例如,机翼的绕流,通过计算机并将其结果在屏幕上显示,就可以看到流场的各种细节,如激波的运动、强度,涡的生成与传播,流动的分离、表面的压力分布、受力大小及其随时间的变化等。数值模拟可以形象地再现流动情景,与做实验没有什么区别。

1.3.2.3　计算流体力学的计算步骤

采用CFD的方法对流体流动进行数值模拟,通常包括以下步骤:

(1)建立反映工程问题或物理问题本质的数学模型。具体地说就是要建立反映问题各个量之间关系的微分方程及相应的定解条件,这是数学模型的出发点。没有正确、完善的数学模型,数值模拟就没有任何意义。流体的基本控制方程通常包括质量守恒方程、动量守恒方程、能量守恒方程,以及这些方程相应的定解条件。

(2)寻求高效率、高准确度的计算方法,即建立针对控制方程的数值离散化方法,如有限差分法、有限元法、有限体积法等。这里的计算方法不仅包括微分方程的离散化方法及求解条件,还包括体坐标的建立、边界条件的处理等。这些内容可以说是 CFD 的核心。

(3)编制程序和进行计算。这部分工作包括计算网格划分、初始条件和边界条件的输入、控制参数的设定等。这是整个工作中花时间最多的部分。由于求解的问题比较的复杂,比如 N-S 方程就是一个十分复杂的非线性方程,数值求解方法在理论上不是绝对完善的,所以需要通过实验加以验证。正是从这个意义上讲,数值模拟又叫数值实验。

(4)显示实验的结果,计算结果一般通过图表等方式显示,这对检查和判断分析质量和结果有重要的意义。

1.3.2.4 计算流体力学的局限性

虽然 CFD 具有许多的优点,但是其也存在一定的局限性:①数值解法是一种离散近似的计算方法,依赖于物理上合理、数学上适用、适合在计算机上进行计算的离散的数学模型,且最终结果不能提供任何形式的解读表达式,只是有限个离散点上的数值解,并有一定的计算误差;②它不像物理模型实验一开始就能给出流动现象并定性地描述,往往需要由原体观测或物理模型实验提供某些流动参数,并需要对建立的数学模型进行验证;③程序的编制及资料的收集、整理与正确利用,在很大程度上取决于经验和技巧。此外,因数值处理方法等原因有可能导致计算结果的不真实,例如产生数值黏性和频散等伪物理效应。当然,某些缺点或局限性可以通过某种方式克服或弥补。④CFD 因涉及大量的数值计算,因此,需要较高的计算机软硬件配置。

1.3.2.5 几种数值解法

经过几十年的发展,CFD 出现了多种数值解法。这些方法之间的主要区别在于对控制方程的离散方式。根据离散的原理不同,大体上可以分为有

限差分法、有限元法和有限体积法 3 个分支。

(1)有限差分法是运用最早、最经典的 CFD 方法，它将求解域划分为差分网格，用有限个网格节点代替连续的求解域，然后将偏微分方程的导数用差商代替，推导出含有离散点上有限个未知数的差分方程组。求出的差分方程组的解，就是微分方程定解问题的数值近似解。它是一种直接将微分问题变成代数问题的近似数值解法。这种方法发展较早，比较成熟，较多地用于求解双曲型和抛物型问题。在此基础上发展起来的方法有 PIC(Particle - in - Cell)法、MAC(Marker - and - Cell)法，以及由美籍华人学者陈景仁提出的有限分析法(Finite - Analytic - Method)等。

(2)有限元法是 20 世纪 80 年代开始应用的一种数值解法，它吸收了有限差分法中离散处理的内核，又采用了变分计算中选择逼近函数对区域进行积分的合理方法。有限元法因求解速度较有限差分法和有限体积法慢，因此应用不是很广泛。在有限元法的基础上，英国 C. A. Brebbia 等提出了边界元法和混合元法等方法。

(3)有限体积法是将计算区域划分为一系列控制体积，将待解微分方程对每一个控制体积进行积分，得出离散方程。有限体积法的关键是在导出离散方程过程中，需要对界面上的被求函数本身及导数的分布做出某种形式的假定。用有限体积法导出的离散方程可以保证具有守恒特性，而且离散方程系数物理意义明确，计算量相对较小。它是目前 CFD 应用最广的一种方法。当然这种方法的研究和扩展也在不断的进行，有的学者提出了适用于任意多边形非结构网格的扩展有限体积法。

1.3.3 流体动力学控制方程

1.3.3.1 流体的质量守恒方程

任何流体问题都必须满足质量守恒定律。该定律可表达为：单位时间内流体微元体中质量的增加，等于同一时间间隔内流入该微元的净质量。按照

这一定律，可以得出质量守恒方程(mass conservation equation)为

$$\frac{\partial\rho}{\partial t}+\frac{\partial(\rho u)}{\partial t}+\frac{\partial(\rho v)}{\partial t}+\frac{\partial(\rho w)}{\partial t}=0 \tag{1-47}$$

引入矢量符号 $\mathrm{div}(a)=\frac{\partial a_x}{\partial x}+\frac{\partial a_y}{\partial y}+\frac{\partial a_z}{\partial z}$，则式(1-47) 写成

$$\frac{\partial\rho}{\partial t}+\mathrm{div}(\rho u)=0 \tag{1-48}$$

有的文献使用符号∇表示散度，即 $\nabla\cdot a=\mathrm{div}(a)=\frac{\partial a_x}{\partial x}+\frac{\partial a_y}{\partial y}+\frac{\partial a_z}{\partial z}$，这样，式(1-48) 又可以写成

$$\frac{\partial\rho}{\partial t}+\nabla(\rho u)=0 \tag{1-49}$$

式中，ρ是密度；t是时间；u是速度矢量；u,v,w是速度矢量在x,y,z方向的分量。

上述给出的是瞬态三维可压流体的质量守恒方程。若流体不可压，密度ρ是常数，则式(1-49) 变为

$$\frac{\partial u}{\partial x}+\frac{\partial v}{\partial y}+\frac{\partial w}{\partial z}=0 \tag{1-50}$$

若流体处于稳态，则密度ρ不随时间变化，式(1-50) 变为

$$\frac{\partial(\rho u)}{\partial t}+\frac{\partial(\rho v)}{\partial t}+\frac{\partial(\rho w)}{\partial t}=0 \tag{1-51}$$

质量守恒方程常称作连续方程(continuity equation)。

1.3.3.2 流体的动量守恒方程

动量守恒定律也是任何流体系统都必须满足的基本定律。该定律可表达为：微元体中流体的动量对时间的变化率等于外界作用在该微元体上的各种力之和。该定律实际上是牛顿第二定律。按照这一定律，可以导出X,Y,Z三个方向的动量守恒方程(momentum conservationequation)为

$$\frac{\partial(\rho u)}{\partial t}+\mathrm{div}(\rho u\boldsymbol{u})=-\frac{\partial p}{\partial x}+\frac{\partial\tau_{xx}}{\partial x}+\frac{\partial\tau_{yx}}{\partial y}+\frac{\partial\tau_{zx}}{\partial z}+F_x \tag{1-52}$$

$$\frac{\partial(\rho v)}{\partial t}+\mathrm{div}(\rho v \boldsymbol{v})=-\frac{\partial p}{\partial y}+\frac{\partial \tau_{xy}}{\partial x}+\frac{\partial \tau_{yy}}{\partial y}+\frac{\partial \tau_{zy}}{\partial z}+F_y \tag{1-53}$$

$$\frac{\partial(\rho w)}{\partial t}+\mathrm{div}(\rho w \boldsymbol{w})=-\frac{\partial p}{\partial z}+\frac{\partial \tau_{xz}}{\partial x}+\frac{\partial \tau_{yz}}{\partial y}+\frac{\partial \tau_{zz}}{\partial z}+F_z \tag{1-54}$$

式中，p 是流体微元上的压力，τ_{xx}，τ_{xy}，和 τ_{xz} 是因分子黏性作用而产生的作用在微元体表面上的黏性应力的分量；F_x，F_y 和 F_z 是微元体上的体力。式(1-52)～式(1-54)是对任何类型的流体均成立的动量守恒方程。对于牛顿流体，黏性应力与流体的变形率成正比。

1.3.3.3 流体的能量守恒方程

能量守恒定律(energy equation)是包含有热交换的流动系统必须满足的基本定律。该定律可以表达为：微元体中能量的增加等于进入微元体的净热流量加上体力与面力对微元体所做的功。该定律实际上是热力学第一定律。其表达式为

$$\frac{\partial(\rho T)}{\partial t}+\mathrm{div}(\rho u T)=\mathrm{div}\left(\frac{k}{c_p}\mathrm{grad}T\right)+s_T \tag{1-55}$$

该式写成展开形式为

$$\frac{\partial(\rho T)}{\partial t}+\frac{\partial(\rho u T)}{\partial x}+\frac{\partial(\rho v T)}{\partial y}+\frac{\partial(\rho w T)}{\partial z}=\frac{\partial}{\partial x}\left(\frac{k}{c_p}\frac{\partial T}{\partial x}\right)+\frac{\partial}{\partial y}\left(\frac{k}{c_p}\frac{\partial T}{\partial y}\right)+\frac{\partial}{\partial z}\left(\frac{k}{c_p}\frac{\partial T}{\partial z}\right)+s_T \tag{1-56}$$

式中，c_p 为定压比热容；T 为温度；k 为流体的传热系数；s_T 为黏性耗散项。需要注意的是虽然能量方程是流体流动与传热问题的基本控制方程，但对于不可压流动，若热交换量很小以至可以忽略时，可以不考虑能量守恒方程。

1.3.3.4 N-S 方程

应用达兰贝尔原理，列流体微团在质量力和表面力作用下的平衡方程。考虑流体微团在流动中变形的问题，经过进一步的推导，得到不可压缩黏性流体的运动微分方程如下：

$$\left.\begin{aligned}\frac{\mathrm{d}u_x}{\mathrm{d}t}=X-\frac{1}{\rho}\frac{\partial p}{\partial x}+v\left(\frac{\partial^2 u_x}{\partial x^2}+\frac{\partial^2 u_x}{\partial y^2}+\frac{\partial^2 u_x}{\partial z^2}\right)\\ \frac{\mathrm{d}u_y}{\mathrm{d}t}=Y-\frac{1}{\rho}\frac{\partial p}{\partial y}+v\left(\frac{\partial^2 u_y}{\partial x^2}+\frac{\partial^2 u_y}{\partial y^2}+\frac{\partial^2 u_y}{\partial z^2}\right)\\ \frac{\mathrm{d}u_z}{\mathrm{d}t}=Z-\frac{1}{\rho}\frac{\partial p}{\partial z}+v\left(\frac{\partial^2 u_z}{\partial x^2}+\frac{\partial^2 u_z}{\partial y^2}+\frac{\partial^2 u_z}{\partial z^2}\right)\end{aligned}\right\} \tag{1-57}$$

式(1－57)由法国 L. 那维尔(L. Navier1826 年)和英国 G. 斯托斯克(G. Stokes，1847 年)先后提出，称为那维尔-斯托斯克方程，简称 N－S 方程。

1.4 工艺仿真的意义

目前改性双基推进剂工艺方面的研究仍处于“画加打”的方式，即根据以往经验添加主要组分，然后再采用大量试验摸索合适的工艺参数和工艺条件，需耗费大量的人力、物力，并且在试验的过程中存在较大的安全风险，理论计算和仿真的研究都十分缺乏。从物理现象与原理基础上来说，改性双基推进剂的成型工艺主要为流体流动问题、传热问题、表面张力问题等方面，采用 CFD 计算方法可有效描述大部分改性双基推进剂成型工艺中的物理问题。

第2章 CFD软件简介

CFD系列软件包括通用的CFD软件Fluent、POLYFLOW、CFX、FIDAP，工程设计软件FloWizard、FLUENT for CATIAV5，前处理软件Gambit、TGnd、G/Turbo，CFD教学软件FlowLab，面向特定专业应用的Icepak、Airpak、Mixsim软件等。本章关于改性双基推进剂工艺性能的仿真主要基于较为流行的Fluent和Polyflow两个软件完成，并以这两个软件为例，详细介绍软件功能、特点、求解以及分析过程等内容。

2.1 概　　述

CFD系列软件包括通用的CFD软件FLUENT,POLYFLOW,CFX,FIDAP,工程设计软件FloWizard,FLUENT for CATIAV5,前处理软件Gambit,TGnd,G/Turbo,CFD教学软件FlowLab,面向特定专业应用的ICEPAK,AIRPAK,MIXSIM软件等。

FLUENT软件包含基于压力的分离求解器、基于压力的耦合求解器、基于密度的隐式求解器、基于密度的显式求解器,多求解器技术使FLUENT软件可以用来模拟从不可压缩到高超声速范围内的各种复杂流场。FLUENT软件包含非常丰富、经过工程确认的物理模型,可以模拟高超声速流场、传热与相变、化学反应与燃烧、多相流、旋转机械、动/变形网格、噪声以及材料加工等复杂机理的流动问题。FLUENT软件的动网格技术处于绝对领先地位,并且包含了专门针对多体分离问题的六自由度模型,以及针对发动机的两维半动网格模型。

POLYFLOW是基于有限元法的CFD软件,专用于黏弹性材料的层流流动模拟。它适用于塑料、树脂等高分子材料的挤出成型、吹塑成型、拉丝、层流混合、涂层过程中的流动及传热和化学反应问题。

FloWizard 是高度自动化的流动模拟工具,它允许用户进行设计及在产品开发的早期阶段迅速而准确地验证设计。它引导用户从头至尾地完成模拟过程,使模拟过程变得非常容易。

FLUENTforCATIAV5 是专门为 CATIA 用户定制的 CFD 软件,将 FLUENT 完全集成在 CATIAV5 内部,用户就像使用 CATIA 其他分析环境一样使用 FLUENT 软件。

Gambit 是专业的 CFD 前处理软件,包括功能强大的几何建模和网格生成能力。

G/Turbo 是专业的叶轮机械网格生成软件。

AIRPAK 是面向 HVAC 工程师的 CFD 软件,并依照 ISO7730 标准提供舒适度,PMV,PPD 等衡量室内外空气质量(IAQ)的技术指标。

MIXSIM 是专业的搅拌槽 CFD 模拟软件。

除 FLUENT 外,常用的 CFD 软件及相关仿真软件还有专业三维流场分析软件 CFX、三维 CFD 快速求解器 CART 3D、流体系统仿真、设计与优化平台 Flowmaster、专业的离散元仿真分析软件 EDEM 等。

综上可知,关于 CFD 流体的软件众多,本书中关于改性双基推进剂工艺性能的仿真主要基于较为流行的 FLUENT 和 POLYFLOW 两个软件完成,下述以这两个软件为例,详细介绍软件功能、特点、求解以及分析过程等。

2.1.1 CFD软件程序模块介绍

为方便用户使用 CFD 软件处理不同类型的工程问题,一般的 CFD 商用软件往往将复杂的 CFD 过程集成,通过一定的接口,让用户快速地输入问题的有关参数。所有的商用 CFD 软件均包括前处理、求解和后处理 3 个基本环节。与之对应的程序模块常简称为前处理器、求解器、后处理器。以下简要介绍这3个程序模块。

1. 前处理器

前处理器(Preprocessor)用于完成前处理工作。前处理环节是向CFD软件输入所求问题的相关数据,该过程一般是借助与求解器相对应的对话框等图形界面来完成的。在前处理阶段需要用户进行以下工作:

(1)定义所求问题的几何计算域。

(2)将计算域划分成多个互不重叠的子区域,形成由单元组成的网格。

(3)对所要研究的物理和化学现象进行抽象,选择相应的控制方程。

(4)定义流体的属性参数。

(5)为计算域边界处的单元指定边界条件。

(6)对于瞬态问题,指定初始条件。

流动问题的解是在单元内部的节点上定义的,解的精度由网格中单元的数量所决定。一般来讲,单元越多,尺寸越小,所得到的解的精度越高,但所需要的计算机内存资源及CPU运算时间也相应增加。为了提高计算精度,在物理量梯度较大的区域,以及我们感兴趣的区域,往往要加密计算网格。在前处理阶段生成计算网格时,关键是要把握好计算精度与计算成本之间的平衡。

目前在使用商用CFD软件进行CFD计算时,有超过50%以上的时间花在几何区域的定义及计算网格的生成上。我们可以使用CFD软件自身的前处理器来生成几何模型,也可以借用其他商用CFD或CAD/CAE软件,如PATRAN,ANSYS,I-DEAS,Pro/ENGINEER等软件提供的几何模型。此外,指定流体参数的任务也是在前处理阶段进行的。

2. 求解器

求解器(Solver)的核心是数值求解算法。常用的数值求解方案包括有限差分、有限元、谱方法和有限体积法等。总体上讲,这些方法的求解过程大致相同,其步骤如下:

(1)使用简单函数近似待求的流动变量。

(2)将该近似关系代入连续性的控制方程中,形成离散方程组。

(3)求解代数方程组。各种数值求解方案的主要差别在于流动变量被近似的方式及相应的离散化过程。

3.后处理器

后处理的目的是有效地观察和分析流动计算结果。随着计算机图形处理功能的提高,目前的CFD软件均配备了后处理器(Postprocessor),提供了较为完善的后处理功能:

(1)计算域的几何模型及网格显示。

(2)矢量图(如速度矢量线)。

(3)等值线图。

(4)填充型的等值线图(云图)。

(5)XY散点图。

(6)粒子轨迹图。

(7)图像处理功能(平移、缩放、旋转等)。

(8)借助后处理功能,可以动态模拟流动效果,直观地了解CFD的计算结果。

2.1.2 CFD求解流体力学问题的过程

CFD问题的求解过程如图2-1所示。如果所求解的问题是瞬态问题,则可将图2-1的过程理解为一个时间步的计算过程,循环这一过程求解下个时间步的解。下述简单介绍各求解步骤进行简单介绍。

1.建立控制方程

建立控制方程是求解任何问题前都必须首先进行的。一般来讲,这一步是比较简单的。因为对于一般的流体流动而言,可直接写出其控制方程。假定没有热交换,则可直接将连续方程与动量方程作为控制方程使用。一般情况下,需要增加湍流方程。

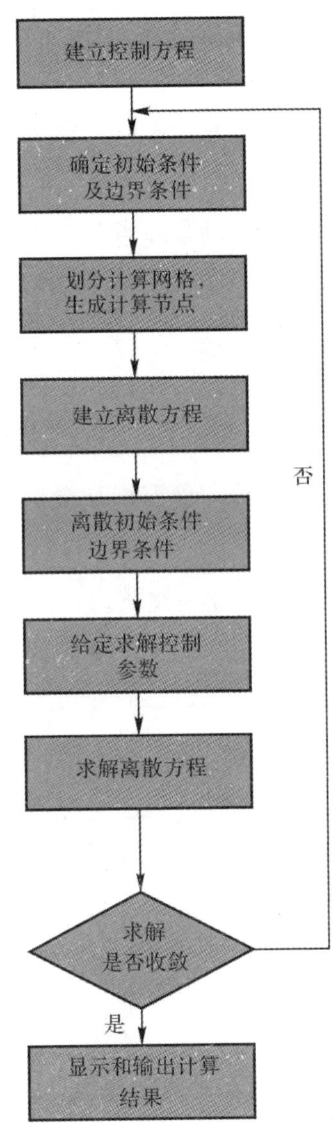

图 2-1　CFD 求解流程框图

2. 确定边界条件和初始条件

初始条件与边界条件是控制方程有确定解的前提,控制方程与相应的初始条件、边界条件的组合构成对一个物理过程完整的数学描述。

初始条件是所研究对象在过程开始时刻各个求解变量的空间分布情况。

对于瞬态问题，必须给定初始条件。对于稳态问题，不需要初始条件。

边界条件是在求解区域的边界上所求解的变量或其导数随地点和时间的变化规律。对于任何问题，都需要给定边界条件。

3. 划分计算网格

采用数值方法求解控制方程时，都是想办法将控制方程在空间区域上进行离散，然后求解得到离散方程组。要想在空间域上离散控制方程，必须使用网格。现已发展出多种对各种区域进行离散以生成网格的方法，这些方法统称为网格生成技术。

不同的问题采用不同数值解法时，所需要的网格形式是有一定区别的，但生成网格的方法基本是一致的。目前网格分结构网格和非结构网格两大类。

简单地讲，结构网格在空间上比较规范，如对一个四边形区域，网格往往是成行成列分布的，行线和列线比较明显。而非结构网格在空间分布上没有明显的行线和列线。

对于二维问题，常用的网格单元有三角形和四边形等形式；对于三维问题，常用的网格单元有四面体、六面体、三菱体等形式。在整个计算域上，网格通过节点联系在一起。

目前，各种 CFD 软件都配有专用的网格生成工具，如 FLUENT 使用 Fluent mesh 作为前处理软件。多数 CFD 软件可接收采用其他 CAD 或 CFD/FEM 软件产生的网格模型。例如，FLUENT 可以接收 ANSA 所生成的网格。

4. 建立离散方程

对于在求解域内所建立的偏微分方程，理论上是有真解（或称精确解或解析解）的。

但由于所处理问题自身的复杂性，一般很难获得方程的真解。因此就需要通过数值方法把计算域内有限数量位置（网格节点或网格中心点）上的因变量值当作基本未知量来处理，从而建立一组关于这些未知量的代数方程组，然后通过求解代数方程组来得到这些节点值，而计算域内其他位置上的值则根据节点位置上的值来确定。

由于所引入的应变量在节点之间的分数假设及推导离散化方程的方法不同，所以形成了有限差分法、有限元法、有限体积法等不同类型的离散化方法。

对于瞬态问题，除了在空间域上的离散外，还要涉及在时间域上的离散。离散后，将要涉及使用何种时间积分方案的问题。

5. 离散初始条件和边界条件

前面所给定的初始条件和边界条件是连续性的，如在静止壁面上速度为0，现在需要针对所生成的网格，将连续型的初始条件和边界条件转化为特定节点上的值，如静止壁面上共有90个节点，则这些节点上的速度值应均设为0。

商用CFD软件往往在前处理阶段完成网格划分后，直接在边界上指定初始条件和边界条件，然后由前处理软件自动将这些初始条件和边界条件按离散的方式分配到相应的节点上。

6. 给定求解控制参数

在离散空间上建立了离散化的代数方程组，并施加离散化的初始条件和边界条件后，还需要给定流体的物理参数和湍流模型的经验系数等。此外，还要给定迭代计算的控制精度、瞬态问题的时间步长和输出频率等。

7. 求解离散方程

进行上述设置后，生成了具有定解条件的代数方程组。对于这些方程组，数学上已有相应的解法，如线性方程组可采用Gauss消去法或Gauss-Seidel迭代法求解，而对于非线性方程组，可采用Newton-Raphson方法。

商用CFD软件往往提供多种不同的解法，以适应不同类型的问题。这部分内容属于求解器设置的范畴。

8. 显示计算结果

通过上述求解过程得出了各计算节点上的解后，需要通过适当的手段将整个计算域上的结果表示出来，这时，可采用线值图、矢量图、等值线图、流线图和云图等方式来表示计算结果。

（1）线值图是指在二维或三维空间上，将横坐标取为空间长度或时间历程，将纵坐标取为某一物理量，然后用光滑曲线或曲面在坐标系内绘制出某一物理量沿空间或时间的变化情况。

（2）矢量图是直接给出二维或三维空间里矢量（如速度）的方向及大小，一般用不同颜色和长度的箭头表示速度矢量。矢量图可以比较容易地让用户发现其中存在的漩涡区。

（3）等值线图是用不同颜色的线条表示相等物理量（如温度）的一条线。

（4）流线图是用不同颜色的线条表示质点运动轨迹。

（5）云图是使用渲染的方式用连续变化的颜色块表示流场某个截面上的物理量（如压力或温度）的分布。

2.1.3 CFD数值模拟方法和分类

CFD 的数值解法有很多分支，这些方法之间的区别主要在于对控制方程的离散方式。根据离散原理的不同，CFD 大体上可以分为有限差分法（FDM）、有限元法（FEM）和有限体积法（FVM）。

1. *有限差分法*

有限差分法（FDM）是计算机数值模拟最早采用的方法，至今仍被广泛运用。该方法将求解域划分为差分网格，用有限个网格节点代替连续的求解域。

有限差分法以 Taylor 级数展开的方法，把控制方程中的导数用网格节点上的函数值的差商代替，从而创建以网格节点上的值为未知数的代数方程组。

该方法直接将微分问题变为代数问题，从而可以用近似数值解法求解，数学概念直观，表达简单，是发展较早且比较成熟的数值方法。

从有限差分格式的精度来划分，有一阶格式、二阶格式和高阶格式；从差分的空间形式来考虑，可分为中心格式和逆风格式；考虑时间因子的影响，差分格式还可分为显格式、隐格式、显隐交替格式等。

目前常见的差分格式主要是上述几种格式的组合，不同的组合构成不同的差分格式。差分方法主要适用于有结构网格，网格的步长一般根据实际情况和稳定条件决定。

2. 有限元法

有限元法(FEM)的基础是变分原理和加权余量法，其基本求解思想是把计算域划分为有限个互不重叠的单元，在每个单元内，选择一些合适的节点作为求解函数的插值点，将微分方程中的变量改写成由各变量或其导数的节点值与所选用的插值函数组成的线性表达式，借助于变分原理或加权余量法，将微分方程离散求解。

采用不同的权函数和插值函数形式，便于构成不同的有限元方法。有限元法最早应用于结构力学，后来随着计算机的发展逐渐用于流体力学的数值模拟。

在有限元法中，把计算域离散剖分为有限个互不重叠且相互连接的单元，在每个单元内选择基函数，用单元基函数的线性组合来逼近单元中的真解，整个计算域上总体的基函数可以看作由每个单元基函数组成，而整个计算域内的解可以看作由所有单元上的近似解构成。

有限元法的基本思路和解题步骤可归纳如下。

(1)建立积分方程。根据变分原理或方程余量与权函数正交化原理，建立与微分方程初边值问题等价的积分表达式，这是有限元法的出发点。

(2)区域单元剖分。根据求解区域的形状及实际问题的物理特点，将区域划分为若干相互连接、不重叠的单元。区域单元划分是采用有限元法的前期准备工作，这部分工作量比较大，除了给计算单元和节点进行编号和确定相互之间的关系之外，还要表示节点的位置坐标，并列出自然边界和本质边界的节点序号和相应的边界值。

(3)确定单元基函数。根据单元中节点数目及对近似解精度的要求，选择满足一定插值条件的插值函数作为单元基函数。有限元法中的基函数是在单元中选取的，由于各单元具有规则的几何形状，所以在选取基函数时可遵循一定的法则。

(4)单元分析。将各个单元中的求解函数用单元基函数的线性组合表达式进行逼近；再将近似函数代入积分方程，并对单元区域进行积分，可获得含有待定系数(即单元中各节点的参数值)的代数方程组(称为单元有限元方程)。

(5)总体合成。在得出单元有限元方程之后，将区域中所有单元有限元方程按一定法则进行累加，形成总体有限元方程。

(6)边界条件的处理。一般边界条件有3种形式，分别为本质边界条件(狄里克雷边界条件)、自然边界条件(黎曼边界条件)、混合边界条件(柯西边界条件)。对于自然边界条件，一般在积分表达式中可自动得到满足。对于本质边界条件和混合边界条件，需按一定法则对总体有限元方程进行修正满足。

(7)解有限元方程。根据边界条件修正的总体有限元方程组，是含所有待定未知量的封闭方程组，采用适当的数值计算方法求解，可求得各节点的函数值。

3.有限体积法

有限体积法(Finite Volume Method，FVM)又称为控制体积法。其基本思路是：将计算区域划分为一系列不重复的控制体积，并使每个网格点周围有一个控制体积；将待解的微分方程对每一个控制体积积分，便得出一组离散方程。

其中的未知数是网格点上的因变量的数值。为了求出控制体积的积分，必须假定值在网格点之间的变化规律，即假设值分段分布的剖面。

从积分区域的选取方法看来，有限体积法属于加权剩余法中的子区域法；从未知解的近似方法看来，有限体积法属于采用局部近似的离散方法。简而言之，子区域法属于有限体积法的基本方法。

有限体积法的基本思路易于理解，并能得出直接的物理解释。离散方程的物理意义就是因变量在有限大小的控制体积中的守恒原理，如同微分方程表示因变量在无限小的控制体积都得到满足，在整个计算区域，自然也就得到满足一样，这是有限体积法吸引人的优点。

某些离散方法，如有限差分法，仅当网格极其细密时，离散方程才满足积分守恒；而有限体积法即使在粗网格情况下，也显示出准确的积分守恒。

就离散方法而言，有限体积法可视为有限单元法和有限差分法的中间物，有限单元法必须假定值符号网格点之间的变化规律（即插值函数），并将其作为近似解；有限差分法只考虑网格点上的数值而不考虑其在网格点之间如何变化；有限体积法只寻求节点值，这与有限差分法相类似，但有限体积法在寻求控制体积的积分时，必须假定值在网格点之间的分布，这又与有限单元法相类似。

在有限体积法中，插值函数只用于计算控制体积的积分，得出离散方程后，便可忘掉插值函数；如果需要的话，可以对微分方程中不同的项采取不同的插值函数。

2.1.4 有限体积法计算区域的离散

由上述介绍可以看出，有限体积法是一种分块近似的计算方法，因此其中比较重要的步骤是计算区域的离散和控制方程的离散。

所谓区域的离散化，实际上就是用一组有限个离散的点来代替原来的连续空间。一般的实施过程是：把所计算的区域划分成许多个互不重叠的子区域（sub - domain），确定每个子区域中的节点位置及该节点所代表的控制体积。区域离散后，得到以下 4 种几何要素。

（1）节点：需要求解的未知物理量的几何位置。

（2）控制体积：应用控制方程或守恒定律的最小几何单位。

（3）界面：定义了与各节点相对应的控制体积的界面位置。

（4）网格线：连接相邻两节点如形成的曲线簇。

一般把节点看成是控制体积的代表。在离散过程中，将一个控制体积上的物理量定义并存储在该节点处。

计算区域离散的网格有两类：结构化网格和非结构化网格。

结构化网格(structured grid)的节点排列有序，即给出了一个节点的编号后，立即可以得出其相邻节点的编号，所有内部节点周围的网格数目相同。结构化网格具有实现容易、生成速度快、网格质量好、数据结构简单化的优点，但不能实现复杂边界区域的离散。

非结构化网格的内部节点以一种不规则的方式布置在流场中，各节点周围的网格数目不尽相同。这种网格虽然生成过程比较复杂，但却有极大的适应性，对复杂边界的流场计算问题特别有效。

2.1.5 CFD常用算法

流场计算的基本过程是在空间上用有限体积法(或其他类似方法)将计算区域离散成许多小的体积单元，在每个体积单元上对离散后的控制方程组进行求解。

其本质是对离散方程进行求解，一般可以分为分离解法(segregated method)和耦合解法(coupled method)两大类，各自又根据实际情况扩展成具体的计算方法。

分离解法不直接求解联立方程组，而是顺序、逐个地求解各变量代数方程组。分离解法中应用广泛的是压力修正法，其求解基本过程如下。

(1)假定初始压力场。

(2)利用压力场求解动量方程，得到速度场。

(3)利用速度场求解连续方程，使压力场得到修正。

(4)根据需要，求解湍流方程及其他标量方程。

(5)判断当前时间步上的计算是否收敛。若不收敛，返回(2)，迭代计算；若收敛，重复上述步骤，计算下一时间步的物理量。

压力修正法有很多实现方式，其中，压力耦合方程组的半隐式方法应用最为广泛，也是各种商用CFD软件普遍采纳的算法。

耦合解法同时求解离散方程组，联立求解出各变量(等)，其求解过程如下。

(1)假定初始压力和速度等变量，确定离散方程的系数及常数项等。

(2)联立求解连续方程、动量方程、能量方程。

(3)求解湍流方程及其他标量方程。

(4)判断当前时间步上的计算是否收敛。若不收敛，返回(2)，迭代计算；若收敛，重复上述步骤，计算下一时间步的物理量。

1. SIMPLE 算法

SIMPLE 算法就是求解压力耦合方程的半隐式方法(Semi - Implicit Method for Pressure Linked Equations)，它是 Patankar 与 Spalding 在 1972 年提出的。

在常规离散方法中，压力梯度项($-\partial p/\partial x$)的离散会遇到问题。

对 p 控制体积分后，($-\partial p/\partial x$)的贡献为 $p_w - p_e$，如 w 和 e 为单元中点，则

$$p_w - p_e = (p_W + p_P)/2 - (p_P + p_E)/2 = (p_W - p_E)/2$$

因此，动量方程将包含相间隔(而非相邻)节点间的压力差。

这样导致求解精度降低，且形成锯齿状的压力场。

这类锯齿状压力场对动量方程而言与均匀场相同(奇偶差)，因此，高度不均匀的压力场将被动量方程的特殊离散化当作均匀的压力场处理。

对以上出现的离散问题，用交错网格法能较好地解决。在此方法中，将速度变量 u，v 直接设置在 p 控制体的边界面上，即 p 控制体边界面上的 u，v 不再通过主节点上的值求得，而是直接解得。

SIMPLE 算法的基本思想可描述为：对于给定的压力场(它可以是假定的值，或是上一次迭代计算所得到的结果)，求解离散形式的动量方程，得出速度场。因为压力场是假定的或不精确的，这样，得到的速度场一般不满足连续方程，因此，必须对给定的压力场加以修正。

修正的原则是：与修正后的压力场相对应的速度场能满足这一迭代层次上的连续方程。据此原则，把由动量方程离散形式所规定的压力与速度的关系代入连续方程的离散形式，从而得到压力修正方程，由压力修正方程得出压力修正值，接着根据修正后的压力场，求得新的速度场，然后检查速度场是否收敛，若不收敛，则用修正后的压力值作为给定的压力场，开始下一层次的计算；如此反复，直到获得收敛的解。

SIMPLE 算法的计算步骤如图 2-2 所示。

基于 SIMPLE 算法的改进算法包括 SIMPLER，SIMPLEC 和 PISO。下面介绍这些改进算法，并对各算法进行对比。

2. SIMPLER 算法

SIMPLER 是英文 SIMPLE revised 的缩写，是 SIMPLE 算法的改进版本。它是由 SIMPLER 算法的创始人之一 Patankar 完成的。

在 SIMPLER 算法中，为了确定动量离散方程的系数，一开始就假定了一个速度分布，同时又独立地假定了一个压力分布，两者之间一般是不协调的，从而影响了迭代计算的收敛速度。

实际上，与假定的速度场相协调的压力场是可以通过动量方程求出的，因此不必在初始时刻单独假定一个压力场。

在 SIMPLER 算法中对压力修正值 p' 采用了欠松弛处理，而松弛因子是比较难确定的，因此，速度场的改进与压力场的改进不能同步进行，最终影响收敛速度。于是 Patankar 便提出了这样的想法：p' 只用修正速度，压力场的改进则另谋更合适的方法。将上述两方面的思想结合起来，就构成了 SIMPLER 算法。

在 SIMPLER 算法中，初始的压力场与速度场是协调的，且由 SIMPLER 算法算出的压力场不必作欠松弛处理，迭代计算时比较容易得到收敛解。但在 SIMPLER 的每一层迭代中，要比 SIMPLE 算法多解一个关于压力的方程组，一个迭代步内的计算量较大。总体而言，SIMPLER 算法的计算效率要高于 SIMPLE 算法，如图 2-3 所示。

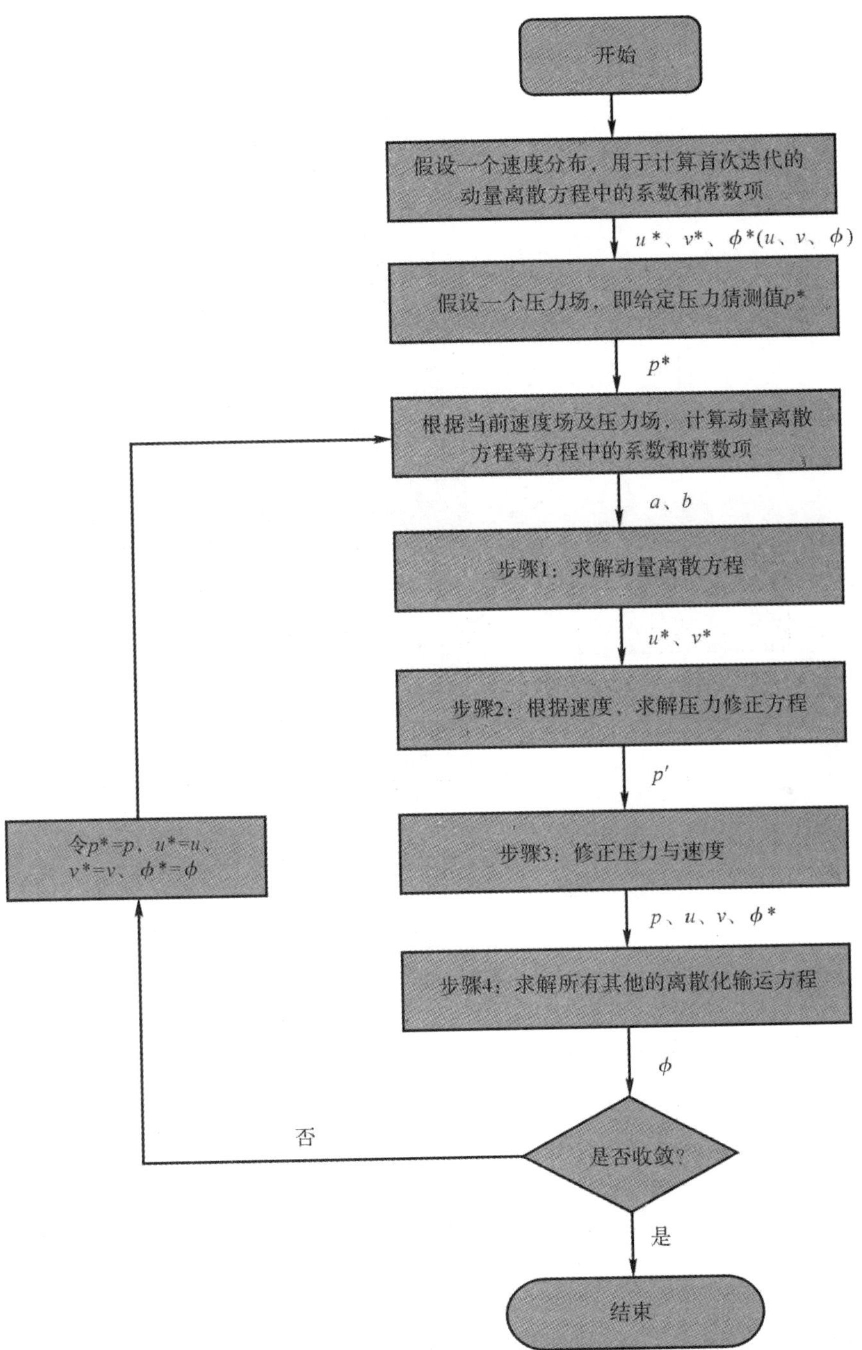

图 2－2　SIMPLE 算法流程图

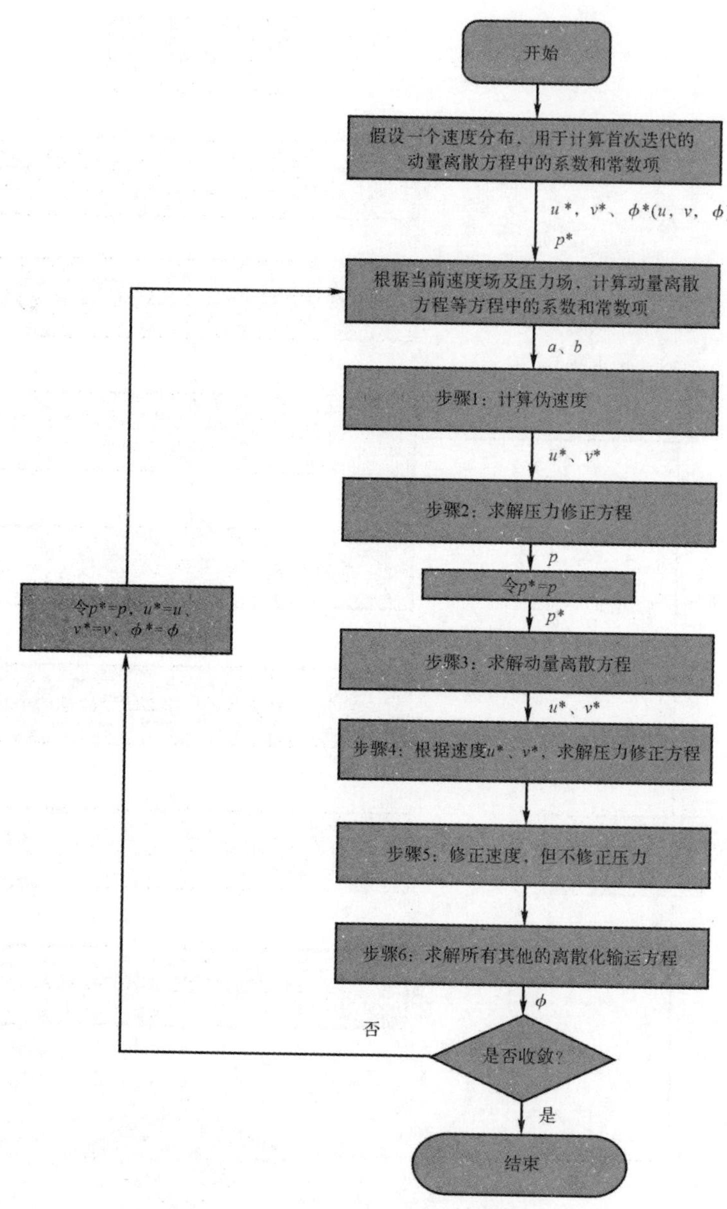

图 2－3　SIMPLER 算法流程图

3. SIMPLEC 算法

SIMPLEC 是英文 SIMPLE consistent 的缩写，意为协调一致的 SIMPLE 算法。它也是 SIMPLE 的改进算法之一。

在 SIMPLE 算法中，为求解的方便，略去了速度修正方程中的$\sum a_{nb}u'_{nb}$项，从而把速度的修正完全归结为由于压差项的直接作用。这一做法虽然不影响收敛解的值，但加重了修正值 p'的负担，使得整个速度场迭代收敛速度降低。

SIMPLEC 算法与 SIMPLE 算法的计算步骤相同，只是速度修正方程中的系数项 d 的计算公式有所区别。

由于 SIMPLEC 算法没有像 SIMPLE 算法那样将$\sum a_{nb}u'_{nb}$项忽略，因此，得到的压力修正值 p'一般是比较合适的，因此，在 SIMPLEC 算法中可不再对 p'进行欠松弛处理。但据笔者的经验，适当选取一个稍小于 1 的 a_p对 p'进行欠松弛处理，对加快迭代过程中解的收敛也是有效的。

4. PISO 算法

PISO 是 Pressure Implicit with Splitting of Operators 的缩写，意为压力的隐式算子分割算法。PISO 算法是 Issa 于 1986 年提出的，起初是针对非稳态可压流动的无迭代计算所建立的一种压力速度计算程序，后来在稳态问题的迭代计算中也较广泛地使用了该算法。

PISO 算法与 SIMPLE、SIMPLEC 算法的不同之处在于：SIMPLE 和 SIMPLEC 算法是两步算法，即一步预测和一步修正；而 PISO 算法增加了一个修正步，包含一个预测步和两个修正步，在完成了第一步修正得到(u，v，p)后寻求二次改进值，目的是使它们更好地同时满足动量方程和连续方程。PISO 算法由于使用了预测—修正—再修正 3 步，从而可加快单个迭代步中的收敛速度。

在瞬态问题的非迭代计算中，压力场 p^{***} 与速度场(u^{***}，v^{***})被认为是正确的。对于稳态流动的迭代计算，PISO 算法的实施过程如图 2 - 4 所示。

PISO 算法要两次求解压力修正方程，因此，它需要额外的存储空间来计算二次压力修正方程中的源项。尽管该方法涉及较多的计算，但对比发现，它的计算速度很快，总体效率比较高。FLUENT 的用户手册推荐，对于瞬态问题，PISO 算法有明显的优势；而对于稳态问题，可能选择 SIMPLE 或 SIMPLEC 算法更合适。

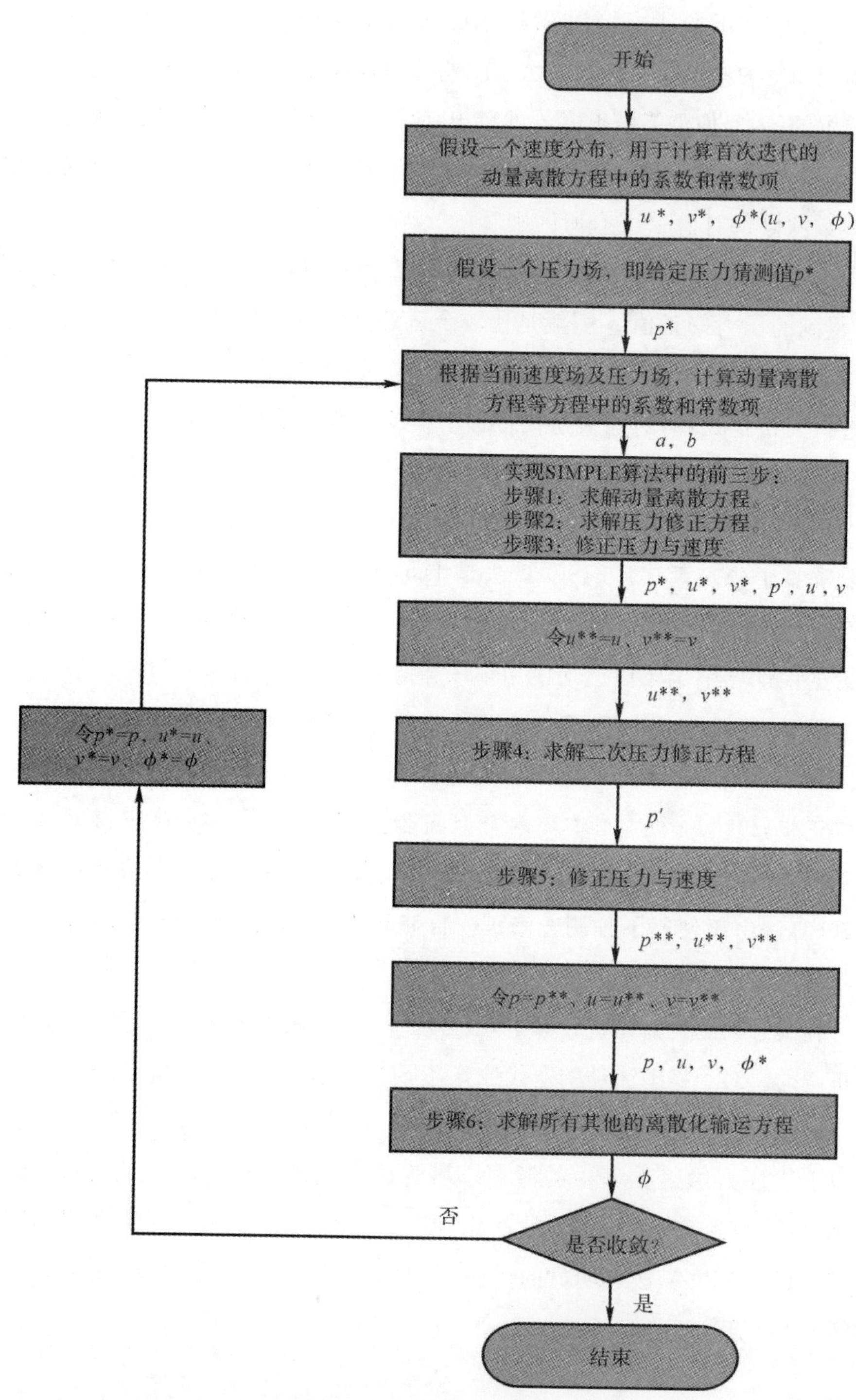

图 2-4　PISO 算法流程图

5. SIMPLE 系列算法的比较

SIMPLE 算法是 SIMPLE 系列算法的基础，目前在各种 CFD 软件中均提供这种算法。SIMPLE 的各种改进算法主要是提高了计算的收敛性，从而可缩短计算时间。

在 SIMPLE 算法中，压力修正值 p' 能够很好地满足速度修正的要求，但压力修正不是十分理想。改进后的 SIMPLER 算法只用压力修正值 p' 来修正速度，另外构建一个更加有效的压力方程来产生“正确”的压力场。

由于在推导 SIMPLER 算法的离散化压力方程时，没有任何项被忽略，因此所得到的压力场与速度场相适应。

在 SIMPLER 算法中，正确的速度场将导致正确的压力场，而在 SIMPLE 算法中则不是这样。因此 SIMPLER 算法是在很高的效率下正确计算压力场的，这一点在求解动量方程时有明显优势。

虽然 SIMPLER 算法的计算量比 SIMPLE 算法高出 30%左右，但其较快的收敛速度使得计算时间减少 30%～50%。

SIMPLEC 算法和 PISO 算法总体上与 SIMPLER 算法具有同样的计算效率，很难区分谁高谁低，对于不同类型的问题每种算法都有自己的优势。

一般来讲，动量方程与标量方程(如温度方程)如果不是耦合在一起的，则 PISO 算法在收敛性方面显得很好，且效率较高。而在动量方程与标量方程耦合非常密切时，SIMPLEC 和 SIMPLER 算法的效果可能更好些。

2.1.6 CFD的应用领域

近十几年来，CFD 有了快速的发展，所有涉及流体流动、热交换和分子输运等现象的问题，几乎都可以通过计算流体力学的方法进行分析和模拟。CFD 不仅作为一个研究工具，而且还作为设计工具在水利工程、土木工程、环境工程、食品工程、海洋结构工程、工业制造等领域发挥作用。典型的应用场合及相关的工程问题如下：

(1)水轮机、风机和泵等流体机械内部的流体流动。

(2)飞机和航天飞机等飞行器的设计。

(3)汽车流线外形对性能的影响。

(4)洪水波及河口潮流计算。

(5)风载荷对高层建筑物稳定性及结构性能的影响。

(6)温室及室内的空气流动及环境分析。

(7)电子元器件的冷却。

(8)换热器性能分析及换热器片形状的选取。

(9)河流中污染物的扩散。

(10)汽车尾气对街道环境的污染。

(11)食品中细菌的运移。

对这些问题的处理,过去主要借助于基本的理论分析和大量的物理模型实验,而现在大多采用 CFD 的方式加以分析和解决,CFD 技术现已发展到完全可以分析三维黏性湍流及旋涡运动等复杂问题的程度。

CFD 的求解过程包括了建立控制方程、确定边界条件与初始条件、划分计算网格、建立离散方程、离散初始条件和边界条件、给定求解控制参数、求解离散方程、判断解的收敛性、显示和输出计算结果等步骤,方便用户将主要的精力集中在基本的物理原理上。

2.2 FLUENT

2.2.1 FLUENT的功能特点

自 1983 年问世以来,FLUENT 就一直是 CFD 软件技术的领先者,被广泛应用于航空航天、旋转机械、航海、石油化工、汽车、能源、计算机/电子、材料、冶金、生物、医药等领域,使开发 FLUENT 的公司成为占有最大市场份额的 CFD 软件供应商。作为通用的 CFD 软件,FLUENT 可用于模拟从不可压缩到高度可压缩范围内的复杂流动。由于采用了多种求解方法和多重网格加速收敛技术，因而 FLUENT 能达到最佳的收敛速度和求解精度；灵活的非结构化网格和基于解的自适应网格技术及丰富的物理模型，使 FLUENT 在传热与相变、化学反应与燃烧、多相流、旋转机械、动/变形网格、噪声、材料加工、燃料电池等方面有了广泛应用。其代表性客户包括美国宇航局（NASA）、国防部（DOD）、能源部（DOE）等政府部门以及宝马汽车公司、波音公司、福特公司、通用电气和三菱公司等企业。

ANSYS 公司收购 FLUENT 以后做了大量高技术含量的开发工作，FLUENT 内置了六自由度刚体运动模块，具备强大的动网格技术，领先的转捩模型可以精确计算层流到湍流的转捩以及进行飞行器阻力精确模拟，非平衡壁面函数和增强型壁面函数加压力梯度修正大大提高了边界层回流计算精度，多面体网格技术大大减小了网格量并提高了计算精度，密度基算法解决了高超声速流动，高阶格式可以精确捕捉激波，噪声模块解决了航空领域的气动噪声问题，非平衡火焰模型用于航空发动机燃烧模拟，旋转机械模型加虚拟叶片模型广泛用于螺旋桨旋翼 CFD 模拟。此外 FLUENT 还具备先进的多相流模型、HPC 大规模计算高效并行技术等。

这一软件由美国 FLUENT Inc. 于 1983 年推出，是继 PHOENICS 软件之后的第二个投放市场的基于有限容积法的软件。它包含有结构化及非结构化网格两个版本。在结构化网格版本中有适体坐标的前处理软件，同时也可以纳入 PATRAN，ANSYS，I-DEAS 及 ICEMCFD 等专门生成网格的软件。速度与压力耦合采用同位网格上的 SIMPLEC 算法。对流项差分格式纳入了一阶迎风、中心差分及 QUICK 等格式。代数方程求解可以采用多重网格及最小残差法（GMRES）。湍流模型有标准 $k-\varepsilon$ 模型、RNG $k-\varepsilon$ 模型及 Reynolds 应力模型（RSM），在辐射换热计算方面纳入了射线跟踪法（ray tracing）。可以计算的物理问题类型有：定常与非定常流动，不可压缩与可压缩流动（对高马赫数下的流动，专门另有 RAMPANT 软件），含有粒子或者液滴的蒸发、燃烧的过程，多组分介质的化学反应过程等。在其非结构化网格的版本(FLUENT/UNS)中采用控制容积有限元方法(CVFEM),在该方法中采用类似于控制容积方法来离散方程,因而可以保证数值计算结果的守恒特性,同时采用了非结构网格上的多重网格方法求解代数方程。1998年FLUENT公司推出了自己研制的新的前处理网格生成软件GAMBIT,并且将FLUENT/UNS与RAMPANT合并为FLUENT5。

FLUENT软件的主要特点汇总如下。

1. 完全非结构化网格

FLUENT软件采用基于完全非结构化网格的有限体积法,而且具有基于网格节点和网格单元的梯度算法。

2. 先进的动/变形网格技术

FLUENT软件中的动/变形网格技术主要解决边界运动的问题,用户只需指定初始网格和运动壁面的边界条件,余下的网格变化完全由解算器自动生成。FLUENT解算器包括NEKTON、FIDAP、POLYFLOW、ICEPAK以及MIXSIMO。网格变形方式有弹簧压缩式、动态铺层式以及局部网格重生式等3种。其局部网格重生式是FLUENT所独有的,而且用途广泛,可用于非结构网格、变形较大问题以及事先不清楚物体运动规律而完全由流动所产生的力所决定的问题。

3. 多网格支持功能

FLUENT软件具有强大的网格支持能力,支持界面不连续的网格、混合网格、动/变形网格以及滑动网格等。值得强调的是,FLUENT软件还拥有多种基于解的网格的自适应、动态自适应技术以及动网格与网格动态自适应相结合的技术。

4. 多种数值算法

FLUENT软件采用有限体积法,提供了3种数值算法:非耦合隐式算法、耦合显式算法、耦合隐式算法,分别适用于不可压、亚声速、跨声速、超声速乃至高超声速流动。其算法是商用软件中最多的。

(1)非耦合隐式算法(Segregated Solver)。该算法源于经典的SIMPLE

算法。其适用范围为不可压缩流动和中等可压缩流动。这种算法不对N-S方程联立求解，而是对动量方程进行压力修正。该算法是一种很成熟的算法，在应用上经过了很广泛的验证。这种方法拥有多种燃烧、化学反应及辐射、多相流模型与其配合，适用于低速流动的模拟。

(2)耦合显式算法(Coupled Explicit Solver)。这种算法由FLUENT公司与NASA联合开发，主要用来求解可压缩流动。该方法与SIMPLE算法不同，它是对整个N-S方程组进行联立求解，空间离散采用通量差分分裂格式，时间离散采用多步Runge-Kutta格式，并采用了多重网格加速收敛技术。对于稳态计算，还采用了当地时间步长和隐式残差光顺技术。该算法稳定性好，内存占用小，应用极为广泛。

(3)耦合隐式算法(Coupled Implicit Solver)。该算法是其他所有商用CFD软件都不具备的。该算法也对N-S方程组进行联立求解，由于采用隐式格式，因而计算精度与收敛性要优于coupled explicit方法，但却占用较多的内存。该算法另一个突出的优点是可以求解全速度范围，即求解范围从低速流动到高速流动。

5.先进的物理模型

FLUENT软件包含丰富而先进的物理模型：

FLUENT软件能够精确地模拟无黏流、层流、湍流。湍流模型包含Spalart-Allmaras模型、$k-\omega$模型组、$k-\varepsilon$模型组、雷诺应力模型(RSM)组、大涡模拟模型(LES)组以及分离涡模拟(DES)和V2F模型等。另外用户还可以定制或添加自己的湍流模型(包含了多种湍流模型，针对不同的问题可以采用更恰当的模型进行模拟)。

(1)FLUENT软件适用于牛顿流体、非牛顿流体。

(2)FLUENT软件可以完成强制/自然/混合对流的热传导、固体/流体的热传导、辐射等计算。

(3)FLUENT软件包含了多种化学反应及燃烧模型，比如有限速率、PDF、层流火焰、湍流火焰等多种模型，可以完成化学组分的混合/反应计算。

(4)FLUENT 还具有离散相的拉格朗日跟踪计算功能。

(5)FLUENT 软件中还包含其他常用的模型,汇总如下:

1)自由表面流模型、欧拉(Euler)多相流模型、混合(Mixture)多相流模型、离散项模型(Lagrangian Dispersed Phase Modeling,主要用来模拟一些二次相的体积分数小于10%的多相流动)、空穴(Cavitation)两相流模型、湿蒸汽模型等,可以处理流场域中有多相流体存在时的流动,也可以同时处理气、液、固三相同时存在时的流动。

2)溶化/凝固以及蒸发/冷凝相变模型。

3)非均质渗透性、惯性阻抗、固体热传导、多孔介质模型(考虑多孔介质压力突变)。

4)风扇、散热器、以热交换器为对象的集中参数模型。

5)基于精细流场解算的预测流体噪声的声学模型。

6. FLUENT 独有的特点

(1)FLUENT 可以方便设置惯性或非惯性坐标系、复数基准坐标系、滑移网格以及动静翼相互作用模型化后的接续界面。

(2)FLUENT 内部集成丰富的物性参数的数据库,里面有大量的材料可供选用,此外,用户可以非常方便地定制自己的材料。

(3)高效率的并行计算功能,提供多种自动/手动分区算法;内置 MPI 并行机制,大幅度提高并行效率。另外,FLUENT 特有动态负载平衡功能,确保全局高效的并行计算。

(4)FLUENT 软件提供了友好的用户界面,并为用户提供了二次开发接口(UDF)。

(5)FLUENT 软件后置处理和数据输出,可对计算结果进行处理,生成可视化的图形及给出相应的曲线、报表等。

2.2.2 FLUENT的求解技术

在 FLUENT 软件当中,有以下两种数值方法可以选择:

(1)基于压力的求解器。

(2)基于密度的求解器。

从传统上讲,基于压力的求解器是针对低速、不可压缩流开发的,基于密度的求解器是针对高速、可压缩流开发的。但近年来这两种方法被不断地扩展和重构,使得它们可以突破传统上的限制,可以求解更为广泛的流体流动问题。

FLUENT 软件基于压力的求解器和基于密度的求解器完全在同一界面下,确保 FLUENT 对于不同的问题都可以得到很好的收敛性、稳定性和精度。

1.基于压力的求解器

基于压力的求解器采用的计算法则属于常规意义上的投影方法。投影方法中,首先通过动量方程求解速度场,继而通过压力方程的修正使得速度场满足连续性条件。由于压力方程来源于连续性方程和动量方程,从而保证整个流场的模拟结果同时满足质量守恒和动量守恒。由于控制方程(动量方程和压力方程)的非线性和相互耦合作用,因而需要一个迭代过程,使得控制方程重复求解直至结果收敛。用这种方法求解压力方程和动量方程。

在 FLUENT 软件中共包含两个基于压力的求解器,一个是分离算法,另一个是耦合算法。

(1)基于压力的分离求解器。如图 2-5 所示,分离求解器顺序地求解每一个变量的控制方程,每一个控制方程在求解时被从其他方程中“解耦”或分离,并且因此而得名。分离算法内存效率非常高,因为离散方程仅仅在一个时刻需要占用内存,收敛速度相对较慢,因为方程是以“解耦”方式求解的。

工程实践表明,分离算法对于燃烧、多相流问题更加有效,因为它提供了更为灵活的收敛控制机制。

(2)基于压力的耦合求解器。如图 2-5 所示,基于压力的耦合求解是以耦合方式求解动量方程和基于压力的连续性方程,它的内存使用量大约是分离算法的1.5～2倍;由于以耦合方式求解,它的收敛速度具有5～10倍的提高,同时还具有传统压力算法物理模型丰富的优点,可以和所有动网格、多相流、燃烧和化学反应模型兼容,同时收敛速度远远高于基于密度的求解器。

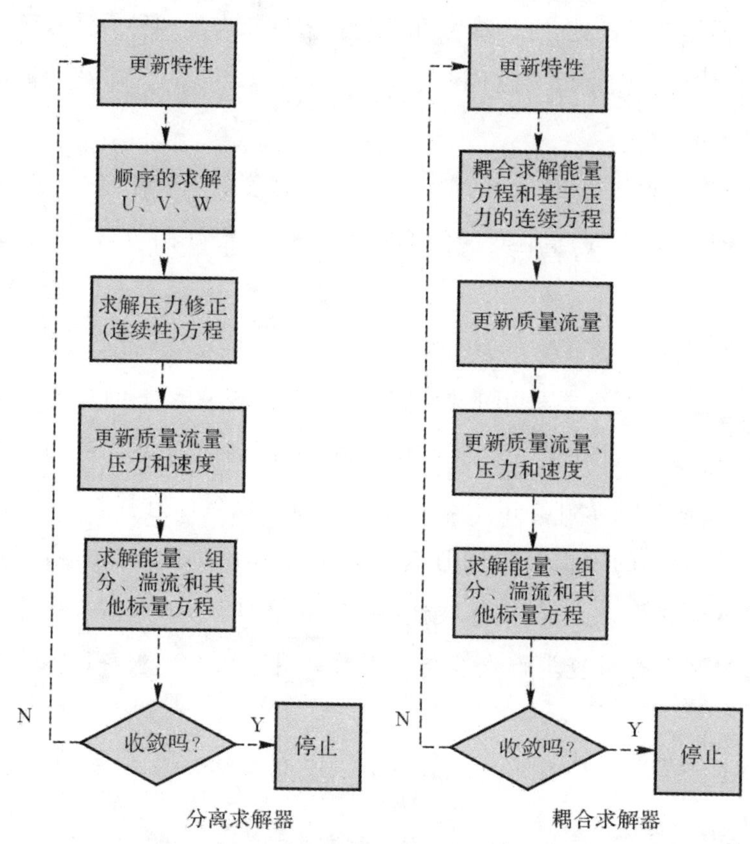

图2-5　分离求解器和耦合求解器的流程对比

2.基于密度的求解器

基于密度的方法就是直接求解瞬态N-S方程(瞬态N-S方程理论上是绝对稳定的),将稳态问题转化为时间推进的瞬态问题,由给定的初场时间推进到收敛的稳态解,这就是我们通常说的时间推进法(密度基求解方法)。这种方法适用于求解亚声速、高超声速等流场的强可压缩流问题,且易于改为瞬态求解器。

FLUENT软件中基于密度的求解器源于FLUENT和NASA合作开发

的 RAMPANT 软件，因此被广泛应用于航空航天工业。FLUENT 增加了 AUSM 和 Roe－FDS 通量格式，AUSM 对不连续激波提供更高精度的分辨率，Roe－FDS 通量格式减小了在大涡模拟计算中的耗散，从而进一步提高了 FLUENT 在高超声速模拟方面的精度。

上述提到，FLUENT 求解功能的不断完善确保了 FLUENT 对于不同的问题都可以得到很好的收敛性、稳定性和精度。FLUENT 具有强大的后置处理功能，能够完成 CFD 计算所要求的功能，包括速度矢量图、等值线图、等值面图、流动轨迹图，并具有积分功能，可以求解力、力矩及其对应的力和力矩系数、流量等。对于用户关心的参数和计算中的误差可以随时进行动态跟踪显示。对于非定常计算，FLUENT 提供非常强大的动画制作功能，在迭代过程中将所模拟非定常现象的整个过程记录成动画文件，供后续的分析演示。

2.2.3 FLUENT的基本分析过程

使用 FLUENT 解决某一问题时，首先要考虑如何根据目标需要选择相应的物理模型，其次明确所要模拟的物理系统的计算区域及边界条件，以及确定二维问题还是三维问题。在确定所解决问题的特征之后，FLUENT 14.0的分析过程基本包括以下步骤。

1. 创建几何模型、生成网格

可以使用 Gambit 或者一个分离的 CAD 系统产生几何结构模型，用 Gambit 或 ICEMCFD 等划分网格。

2. 选择运行合适版本的 FLUENT 主程序

在开始程序菜单中选择运行 FLUENT 主程序，弹出 FLUENT Launcher 对话框，如图 2－6 所示。

在对话框中可以做以下选择：

(1)二维或三维版本，在 Dimension 选项卡中选择 2D 或 3D。

(2)单精度或双精度版本，默认为单精度，当勾选 Double Precision 时，选择双精度版本。

(3)并行运算选项,可选择单核运算或并行运算版本。选择 Serial 时运行单核运算版本,选择 Parallel 时可利用多核处理器进行并行计算,并可设置使用处理器的数量。

(4)界面显示设置(Display Options),一般保持默认。

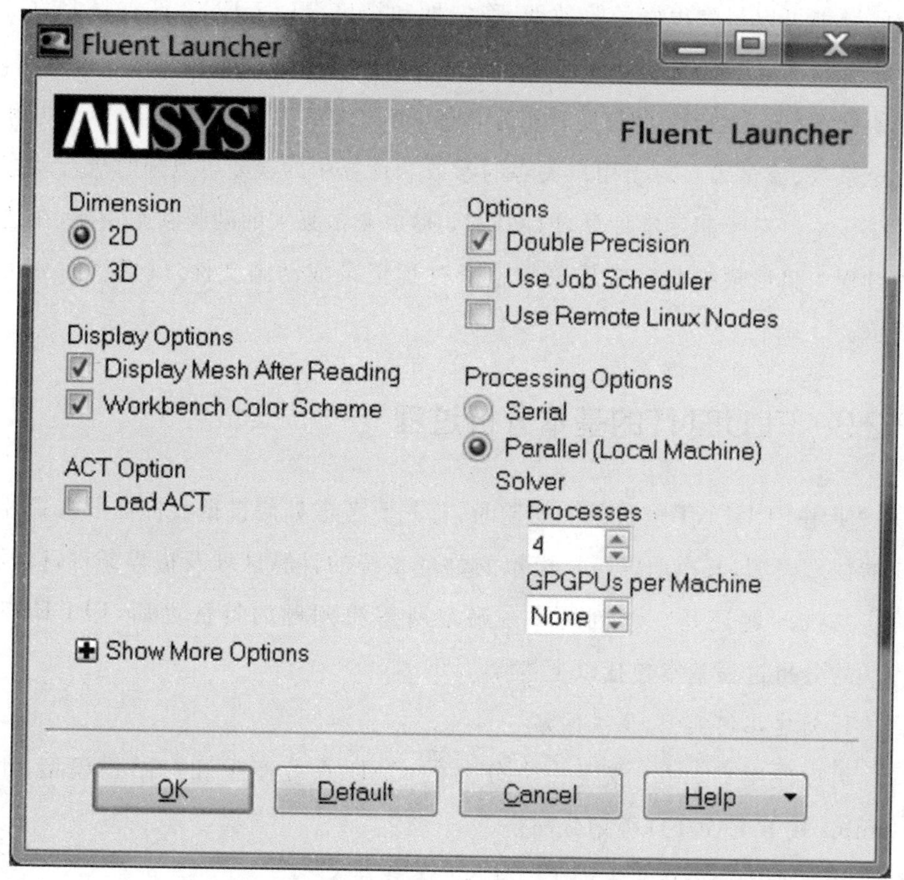

图 2-6 FLUENT Launcher 对话框

(5)当点击 Show More Options 前面的⊞图标时,会得到展开的 FLUENT Launcher 对话框,如图 2-7 所示,可在其中设置工作目录、启动路径、并行运算类型和 UDF 编译环境等。

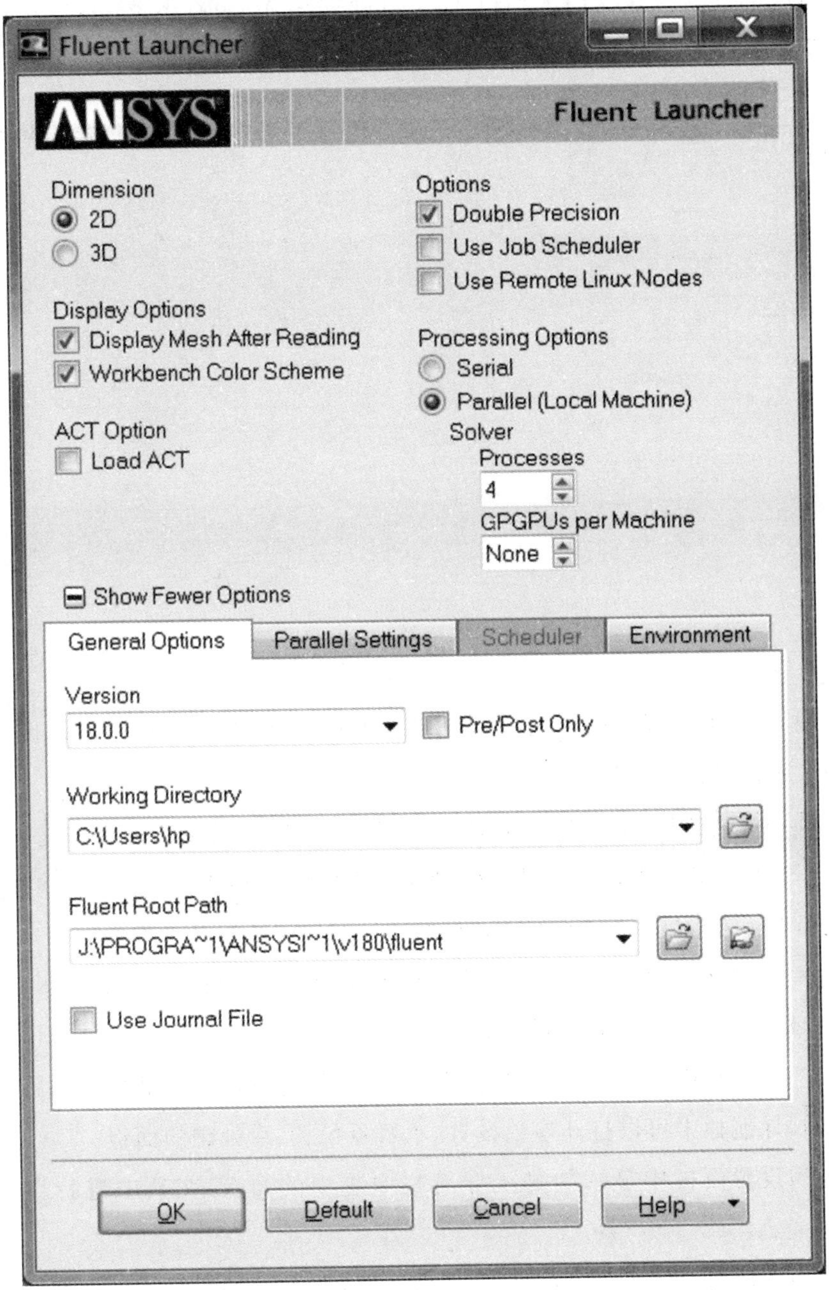

图 2-7 展开的 FLUENT Launcher 对话框

设置完毕后，单击 FLUENT Launcher 对话框中的 OK 按钮，打开 FLUENT 主界面，如图 2-8 所示。

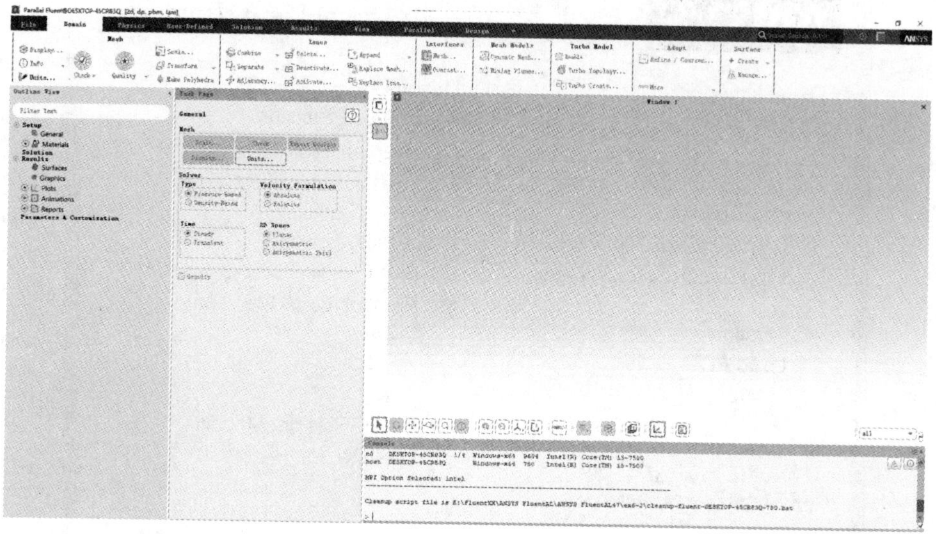

图 2-8　FLUENT 主界面

FLUENT 主界面由标题栏、菜单栏、工具栏、导航栏、设置面板、图形窗口和文字信息窗口组成。

(1)标题栏中显示运行的 FLUENT 版本和物理模型的简要信息，比如 FLUENT[3d,dp,pbns,lam]是指运行的 FLUENT 版本为 3D 双精度版本，运算基于压力求解，而且采用层流模型。标题栏中还包括文件名。

(2)菜单栏中包括 File，Mesh，Define，Solve，Adapt，Surface，Display，Report，Parallel，View 和 Help 菜单。

(3)工具栏中包含文件读取、保存、视图控制等常用命令的快捷图标。

(4)导航栏中可以打开参数设置、求解器设置、后处理的面板。

(5)设置面板中显示的是从导航栏中选中的面板，在其中进行设置和操作。

(6)图形窗口用来显示网格、残差曲线、动画及各种后处理显示的图像。

(7)文字信息窗口中显示各种信息提示，包括版本信息、网格信息、错误提示等信息。

3. 读入网格

通过选择菜单 File—Read—Mesh 命令读入准备好的网格文件。

在 Fluent 中，case 和 data 文件(默认读入可识别的 FLUENT 网格格式)，扩展名分别为.cas 和.dat。一般来说，一个文件包括网格、边界条件和解的控制参数。如果网格文件是其他格式，相应的选择菜单为 File - Import 命令。几种主要的文件形式如下。

(1).jou 文件：日志文档，可以编辑运行。

(2).dbs 文件：Gambit 工作文件。

(3).msh 文件：从 Gambit 输出的网格文件。

(4).cas 文件：经 FLUENT 定义后的文件。

(5).dat 文件：经 FLUENT 计算的数据结果文件。

4. 检查网格

读入网格之后要检查网格，相应的操作方式为在 General 面板中单击 Check 按钮。在检查过程中，读者可以在控制台窗口中看到区域范围、体积统计以及连通性信息。网格检查最容易出现的问题是网格体积为负数。如果最小体积是负数，就需要修复网格以减少解域的非物理离散。

5. 选择解的格式

根据问题的特征对求解器进行设置，后面章节会针对不同的物理模型具体展开说明求解的具体格式。分离解算器是 FLUENT 默认的解算器。

6. 选择基本物理模型

基本物理模型。例如，层流、湍流(无黏)、化学组分、化学反应、热传导模型等。

7. 确定所需的附加模型

附加模型。例如，风扇模型、换热器模型、多孔介质模型等。

8. 指定材料物理性质

可以在材料数据库中选择流体属性，或者创建自己的材料数据。

9. 指定边界条件

相应地在 Cell Zone Conditions 和 Boundary Conditions 面板中进行设置，以设定边界条件的数值与类型。

10. 调节解的控制参数

相应地在 Solution Methods 和 Solution Controls 面板中进行设置，在打开的面板里可以改变压松弛因子、多网格参数以及其他流动参数的默认值。在后面章节中我们将详细介绍相关参数具体含义，一般来说这些参数不需要修改，计算过程需要监控计算收敛及精度的变化情况，例如需要激活残差图(Residual Plotting)：在 Monitors 面板中双击 Residual 项，在对话框中，打开 Plot 选项激活残差图形，然后单击 OK，就可以在计算过程中查看残差。残差变化曲线由上向下逐渐减少的趋势表明计算有收敛的可能，结果可能比较理想。

11. 初始化流场

迭代之前要初始化流场，即提供一个初始解。用户可以从一个或多个边界条件算出初始解，也可以根据需要设置流场的数值，相应地在 solution Initialization面板中单击 Initialize 按钮。

12. 求解迭代计算

求解迭代计算时，需要设置迭代步数，相应地在 Runcalculation 面板中单击 Calculate 按钮。

13. 查看求解结果

通过图形窗口中的残差图查看收敛过程，通过残差图可以了解迭代解是否已经收敛到允许的误差范围了，以及观察流场分布图，相应地在 Graphics and Animations 面板中进行相关操作。

14. 保存结果

问题的定义和 FLUENT 计算结果分别保存在 case 文件和 data 文件中。必须保存这两个文件以便以后重新启动分析。保存 case 文件和 data 文件相应的选择菜单为 File→Write→Case&Data。

一般，仿真分析是一个反复改进的过程，如果首次仿真结果精度不高或不能反映实际情况，可提高网格质量，调整参数设置和物理模型，使结果不断接近真实，提高仿真精度。

2.3 PHOENICS

这是世界上第一个投放市场的 CFD 商用软件(1981)，可以算是 CFD/NHT 商用软件的鼻祖。这一软件采用有限容积法，可选择一阶迎风、混合格式及 QUICK 格式等，压力与速度耦合采用 SIMPLEST 算法，对两相流纳入了 IPSA 算法(适用于两种介质互相穿透时)及 PSI－Cell 算法(粒子跟踪法)，代数方程组可以采用整场求解或点迭代、块迭代方法，同时纳入了块修正以加速收敛。

PHOENICS 的功能：近年来，PHOENICS 软件在功能与方法方面作了较大的改进，包括纳入了拼片式多块网格及细网格嵌入技术，同位网格及非结构化网格技术在湍流模型方面开发了通用的零方程模型、低 Reynolds $k-\varepsilon$ 模型、RNG $k-\varepsilon$ 模型等。在网格生成方面，PHOENICS 与 ICEMCFD 及 PATRAN 等专门生成网格的软件建立了连接的界面等。其适用范围较广：适用于零维、一维、二维、三维、稳态、非稳态、旋转坐标、多重网格、精细网格、可压缩与不可压缩流体、亚声速、超声速、跨声速，传导、对流、辐射换热、耦合传热等 22 种适合于各种 Re 数场合的湍流模型，包括雷诺应力模型、多流体湍流模型和通量模型及 $k-\varepsilon$ 模型的各种变异。PHOENICS 应用领域也比较广泛，包括：航空航天、能源动力、船舶水利、暖通空调、建筑、海洋、石油化工、汽车、冶金、交通、燃烧、核工程、环境工程等等。

除了通用计算流体/计算传热学软件应该拥有的功能外，PHOENICS 软件有自己独特的功能：

(1)开放性。PHOENICS 最大限度地向用户开放了程序，用户可以根据需要任意修改添加用户程序、用户模型。PLANT 及 INFORM 功能的引入使用户不再需要编写 FORTRAN 源程序,GROUND 程序功能使用户修改添加模型更加任意、方便。

(2)CAD 接口。PHOENICS 可以读入任何 CAD 软件的图形文件。

(3)MOVOBJ。运动物体功能可以定义物体运动,避免了使用相对运动方法的局限性。

(4)大量的模型选择。20 多种湍流模型,多种多相流模型,多流体模型,燃烧模型,辐射模型。

(5)提供了欧拉算法也提供了基于粒子运动轨迹的拉格朗日算法。

(6)PHOENICS 专用模块。

2.4 CFX

该软件的前身为 CFDS - FLOW 3D,系 Computational Fluid Dynamics Services/ AEA Technology 于 1991 年推出的泛用型三维计算流体力学软件,后改名为 CFX 发行,已被广泛应用在工业设计分析上。采用有限容积法、结构化网格,在非正交曲线坐标(适体坐标)系上进行离散,变量的布置采用同位网格方式。对流项的离散格式包括一阶迎风混合格式、QUICK,CONDIF,MUSCL 及高阶迎风格式。压力与速度的耦合关系采用 SIMPLE 系列算法(SIMPLE),代数方程求解的方法中包括线迭代、代数多重网格、ICCG ,Stone 强隐方法及块隐式(BIM)方法等。湍流模型中纳入了 $k-\varepsilon$ 模型、低 Reynolds $k-\varepsilon$ 模型、RNG$k-\varepsilon$ 模型、代数应力模型及微分 Reynolds 应力模型。利用有限体积法并采用多重区块结构网格,因此可轻易解决复杂的三维几何问题。可计算的物理问题包括不可压缩及可压缩流动、层流与绕流问题、暂态与稳态、Bubble 问题。耦合传热问题、多相流、粒子输运过程、化学反应、气体燃烧(含 NO_x 生成模型)、热辐射等,同时还能处理滑移网格(sliding grid),可用来计算机械中叶片间的流场。有很强的网格生成及后处理功能。瑞典 Volvo 汽车公司的外形设计中就采用了 CFX 来计算流场。目前,CFX已经遍及航空航天、旋转机械、能源、石油化工、机械制造、汽车、生物技术、水处理、火灾安全、冶金、环保等领域,推出了专业的旋转机械设计与分析模块CFX-Tascflow,成功突破了CFD领域在算法上的又一大技术,推出了全隐式多网格耦合算法,具有稳健的收敛性能和优异的运算速度。

2.5 FIDAP

FIDAP于1983年由美国Fluid Dynamics International. Inc推出,是世界上第一个使用有限元法(FEM)的CFD/NHT软件,可以接受如IDEAS, PATRAN, ANSYS和ICEMCFD等著名生成网格的软件所产生的网格。该软件可以计算可压缩及不可压缩流、层流与湍流、单相与两相流、牛顿流体及非牛顿流体的流动、凝固与熔化问题等。其具有网格生成及计算结果可视化处理的功能。

第3章
球形药制备仿真设计

球形药具有高装填密度的特点，且通过深度钝感带来的渐增燃烧特性和低烧蚀性能，提高了身管武器的弹药发射初速，延长了身管寿命。加之工艺过程简单、安全，比单基挤压粒状药有明显的优越性。因此，球形药引起各国的普遍重视，球形药已成为轻武器的主装药并逐渐取代单基挤压药。本章介绍了球形药的制备原理及分析方法，并对仿真设计中的模型建立、液固混合、液液混合、乙酸乙酯挥发过程、宏观成球过程、微观成球过程作了详细分析。

3.1 概　述

由于球形药具有高装填密度的特点，且通过深度钝感带来的渐增燃烧特性和低烧蚀性能，提高了身管武器的弹药发射初速，延长了身管寿命，加之工艺过程简单、安全，比单基挤压粒状药有明显的优越性。因此，球形药引起各国的普遍重视，球形药已成为轻武器的主装药并逐渐取代单基挤压药。

在传统的单基和双基球形药或球扁药方面，主要的发展趋势是在能量和主体成分不变的情况下进一步改进表面钝感技术来提高其燃烧渐增性，改善发射药应用于轻武器方面的弹道性能。

国内球形药研究方面主要集中在经典的以乙酸乙酯为溶剂的搅拌法成球工艺的研究和应用上。

3.2 球形药制备原理及分析方法

3.2.1 球形药制备过程工艺及原理

搅拌成球工艺是应用最多的球形药制备工艺，它是由美国奥林公司

(Olin)开发的经典成球工艺,所用溶剂通常为乙酸乙酯等酯类溶剂。先将NC或双基吸收药及其他助剂分散到水中,然后在搅拌状态下加入定量的溶剂,再加入保护胶进行成球,在此过程中含有硝化棉的漆状胶团形成;成球结束后,在体系中加入足量的固体无机盐或无机盐的水溶液进行脱水操作,使NC胶团中的水分在渗透压作用下渗入到水溶液中,再利用蒸馏的方法将溶剂缓慢地从球形颗粒中脱除出来,如图3-1所示。

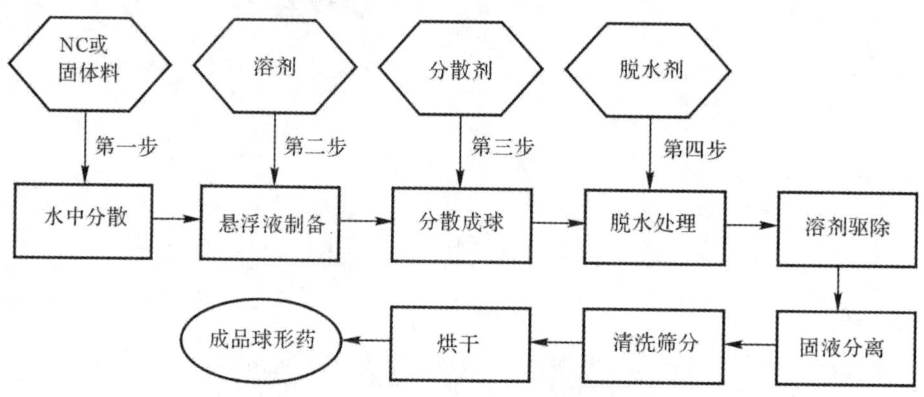

图3-1 搅拌成球工艺的工艺过程示意图

成型过程中,使用的溶剂量越少,得到的颗粒表面越粗糙,溶剂量越多,则颗粒越光滑。搅拌速度越快或越强烈,颗粒越细小。溶剂的驱除方式会影响颗粒的密度,如果温度上升得快,溶剂与水共沸,得到的样品密度显著下降。溶剂彻底驱除后,颗粒从水溶液中通过过滤或离心方式分离。通过改变加料方式或调整工艺条件,可以得到不同粒径、不同堆积密度或形貌的球形药。

3.2.1.1 球形药的分类

1. 按形状分类

球形药最早开发出来的品种仅有硝化棉颗粒,后来逐步发展到各种以硝化棉为黏合剂的近球形含能复合材料。按形状分类,球形药通常分为两类:球形药和球扁药。

在传统意义上,人们把外形近似于球形的硝化棉为基体高分子的固体含

能材料均称为球形药。从发展的历史来看，最先制备的球形药外形是标准的球形。但在这种球形药被应用于轻武器发射装药之后，人们逐渐发现其形状对内弹道性能带来的不利影响，即标准的球形药粒在燃烧过程呈现显著的减面特性。为改善球形药在身管武器中应用的内弹道性能，发展了外形近似于饼状的球形药，即球扁药。这些球形药外形的差异主要由成型过程中工艺条件的改变或在同一工艺过程中由于液滴所处的动态力学环境的差异造成。

2. 按结构分类

从结构上分，球形药可以分为密实型结构、多孔结构、分层结构和空芯等类型。传统的球形药有内外均匀的密实型结构，根据新的应用需求逐步发展了具有网状多孔结构以及内层和表层密度有差异的分层型球形药。在特殊的工艺条件下，球形药还可以制备成具有空芯结构的颗粒。

3. 按成分分类

按组成成分的差异，球形药分成单基球形药、双基球形药或球扁药、复合型球形药等三类。

单基球形药是以硝化棉为主要成分，还含有必要的二苯胺等提高其长期存储安定性的助剂。硝化棉的规格没有太多的限制，不同含氮量的硝化棉都可以用于球形药制备，根据用途的不同可以选择各个能量级别的硝化棉。

双基球形药或球扁药的成分与普通双基火药基本上没有区别，主要含硝化棉、硝化甘油、中定剂以及其他辅助成分。

复合型球形药一般是指在制备过程中，为了提高其整体能量而添加高能固体组分所制备的一类特殊球形药，一般添加的高能固体组分主要指硝胺类炸药，根据需要也可以加入其他类型的高能固体物质。但随着固体组分加入比例的提高，体系中黏合剂的比例相对减少，成球难度会加大。通常当固体含量超过50%时，无论采用哪条工艺路线都无法制备出规则的球形颗粒。

3.2.1.2 球形药的组成成分

球形药的组成成分大致为高分子黏合剂、增塑剂、固体填料及辅助成分等四类。

高分子黏合剂是球形药的骨架材料，如果没有高分子材料，球形药的形状容易因外力作用而破坏。另外，形成球形药的高分子材料是热塑性的材料，可以被特定的溶剂溶解，而热固性材料通常用溶剂溶解，也无法采用这类成型工艺制备球形颗粒。在高分子领域，有些非含能的球形颗粒是通过悬浮聚合等方法制备的，并采用化学反应的方法成型。

由于球形药是采用物理方法制备而成的，所有的高分子黏合剂应该不被连续性分散介质溶解，而在成型时所用的分散相溶剂中具有较大的溶解度。通常连续性分散介质是水，而分散相溶剂采用乙酸乙酯。不溶于水而在乙酸乙酯中溶解度较大的高分子材料，原则上都可以作为制备球形药的高分子黏合剂。制备球形药的最普遍的黏合剂是硝化棉，其他热塑性高分子材料也可以作为黏合剂。

固体填料通常使用高能固体炸药，如黑索金、奥克托金等。

球形药中的增塑剂，通常可以分为含能增塑剂和惰性增塑剂两类，含能增塑剂主要包括硝化甘油。

3.2.1.3 球形药的应用

球形药主要应用在军火炸药方面，根据其形态和成分的差异，可以应用到枪炮发射药、推进剂基础材料、炸药等领域。

早在 20 世纪 30 年代，采用硝化棉为主要原料制备的球形药被用于枪用发射药。单基球形药被应用到推进剂的制造方面，将细小的单基球形药直接作为浇铸型双基推进剂的基础原料。这种用途是推进剂性能提高的必然要求，采用淤浆浇铸工序可以制备直径很大的改性双基推进剂药柱。

身管武器上标准的球形药应用得很少，以球扁药为主，这是由于球形药燃烧减面性严重。球扁形发射药是在球形药的基础上发展起来的，可将其归入球形药类中，但燃烧减面性明显没有球形药严重，因而在使用性能上优于球形药。

从武器应用上区分，球形药可分为轻武器用和大中口径武器用球形药两类。由于球形药不易除溶剂，药粒球径不可能太大，一般适用于制成轻武器

用发射药。由于球形药的成分和粒度都可以在较大的范围内调节，因此将其应用到炸药领域也非常便利，其不仅可以与各种炸药混合使用，而且部分球形药品种本身就具有良好的爆炸特性。

3.2.2 球形药制备过程工艺及原理

3.2.2.1 计算流体力学

计算流体动力学是通过计算机数值计算和图像显示，对包含流体流动和热传导等相关物理现象的系统所做的分析。CFD 的基本思想：把原来在时间域及空间域上连续的物理量的场，如速度场和压力场，用一系列有限个离散点上的变量值的集合来代替，通过一定的原则和方式建立起关于这些离散点上场变量之间关系的代数方程组，然后求解代数方程组获得场变量的近似值。

计算流体力学的工作步骤如下：

(1)建立反映工程问题或物理问题本质的数学模型。

(2)寻求高效率、高准确度的计算方法。

(3)编制程序进行计算。

(4)显示计算结果。

球形药搅拌釜内流场中，可以写出各基本控制方程：

(1)质量守恒方程为

$$\frac{\partial \rho}{\partial t}+\frac{\partial(\rho u)}{\partial x}+\frac{\partial(\rho v)}{\partial y}+\frac{\partial(\rho w)}{\partial z}=0 \tag{3-1}$$

(2) 动量守恒方程为

$$\left.\begin{aligned}
\frac{\partial(\rho u)}{\partial t}+\operatorname{div}(\partial u\boldsymbol{u}) &= -\frac{\partial p}{\partial x}+\frac{\partial \tau_{xx}}{\partial x}+\frac{\partial \tau_{yx}}{\partial y}+\frac{\partial \tau_{zx}}{\partial z}+F_x \\
\frac{\partial(\rho v)}{\partial t}+\operatorname{div}(\partial v\boldsymbol{u}) &= -\frac{\partial p}{\partial y}+\frac{\partial \tau_{xy}}{\partial x}+\frac{\partial \tau_{yy}}{\partial y}+\frac{\partial \tau_{zy}}{\partial z}+F_y \\
\frac{\partial(\rho w)}{\partial t}+\operatorname{div}(\partial w\boldsymbol{u}) &= -\frac{\partial p}{\partial z}+\frac{\partial \tau_{xz}}{\partial x}+\frac{\partial \tau_{yz}}{\partial y}+\frac{\partial \tau_{zz}}{\partial z}+F_z
\end{aligned}\right\} \tag{3-2}$$

式中，p 是流体微元体上的压力；τ_{xx}、τ_{xy}、τ_{xz} 等是因分子黏性左右而产生的作用在微元体表面上的黏性应力 $\boldsymbol{\tau}$ 的分量；F_x、F_y 和 F_z 是微元体上的体力，若体力只有重力，且 z 轴竖直向上，则 $F_x=0, F_y=0, F_z=-\rho g$。

对于牛顿流体，黏性应力 $\boldsymbol{\tau}$ 与流体的变形率成比例，则有

$$\tau_{xx}=2\mu\frac{\partial u}{\partial x}+\lambda\mathrm{div}(\boldsymbol{u})\tau_{xy}=\tau_{yx}=\mu\left(\frac{\partial u}{\partial y}+\frac{\partial v}{\partial x}\right) \tag{3-3}$$

$$\tau_{yy}=2\mu\frac{\partial v}{\partial x}+\lambda\mathrm{div}(\boldsymbol{u})\tau_{xz}=\tau_{zx}=\mu\left(\frac{\partial u}{\partial z}+\frac{\partial w}{\partial x}\right) \tag{3-4}$$

$$\tau_{zz}=2\mu\frac{\partial w}{\partial x}+\lambda\mathrm{div}(\boldsymbol{u})\tau_{yz}=\tau_{zy}=\mu\left(\frac{\partial v}{\partial z}+\frac{\partial w}{\partial y}\right) \tag{3-5}$$

式中，μ 是动力黏度；λ 是第二黏度，一般可取 $\lambda=-2/3$。

(3) 能量守恒方程为

$$\frac{\partial(\rho T)}{\partial t}+\frac{\partial(\rho uT)}{\partial x}+\frac{\partial(\rho vT)}{\partial y}+\frac{\partial(\rho wT)}{\partial z}=$$

$$\frac{\partial}{\partial x}\left(\frac{k}{c_p}\frac{\partial T}{\partial x}\right)+\frac{\partial}{\partial y}\left(\frac{k}{c_p}\frac{\partial T}{\partial y}\right)+\frac{\partial}{\partial z}\left(\frac{k}{c_p}\frac{\partial T}{\partial z}\right)+S_T \tag{3-6}$$

式中，c_p 是定压比热容；T 为温度；k 为流体的传热系数；S_T 为流体的内热源及由于黏性作用流体机械能转换为热能的部分，有时简称 S_T 为黏性耗散项。

(4) 状态方程为

$$p=\rho RT \tag{3-7}$$

3.2.2.2 有限体积法(FVM)

有限体积法(Finite Volume Method，FVM)，是发展非常迅速的一种离散方法，其特点是计算效率高。目前在 CFD 领域得到了广泛的应用，主流的 CFD 软件都采用 FVM 方法。

FVM 又称为控制体积法(Control Volume Method, CVM)。其基本思路是：将计算区域划分为网格，并使每个网格点周围有一个互不重复的控制体积；将待解的微分方程(控制方程)对每一个控制体积积分，从而得出一组

离散方程。其中的未知数是网格点上的因变量 ϕ。为了求出控制体积的积分,必须假定 ϕ 值在网格点之间的变化规律。从积分区域的选取方法来看,有限体积法属于加权余量法中的子域法,从未知解的近似方法看来,有限体积法属于采用局部近似的离散方法。简言之,子域法加权离散,就是有限体积法的基本方法。

与其他离散化方法一样,有限体积法的核心体现在区域离散方式上。区域离散化的实质是用有限个离散点来代替原来的连续空间。有限体积的区域离散实施过程是:把所计算的区域划分成多个互不重叠的子区域,及计算网格(grid),然后确定每个子区域中的节点位置及该节点所代表的控制体积。区域离散化过程结束后,可以得到以下 4 种几何要素:

(1)节点(node):需要求解的未知物理量的几何位置。

(2)控制体积(control volume):应用控制方程或守恒定律的最小几何单元。

(3)界面(face):它规定了与各节点相对应的控制体积的分界面位置。

(4)网格线(grid line):联结相邻两节点而形成的曲线簇。

利用有限体积法建立离散方程时,必须遵守以下 4 条基本原则:

(1)控制体积界面上的连续性原则。

(2)正系数原则。

(3)源项的负斜率线性化原则。

(4)系数 a_p 等于相临节点系数之和原则。

3.2.2.3 湍流模型

RNG $k-\varepsilon$ 模型是 Yakhot 及 Orzag 提出的,该模型中的 RNG 是英文"renormalization group"的缩写,译为重正化群。

在 RNG $k-\varepsilon$ 模型中,通过在大尺度运动和修正后的黏度项体现小尺度的影响,即

$$\frac{\partial(\rho k)}{\partial t}+\frac{\partial(\rho k u_i)}{\partial x_i}=\frac{\partial}{\partial x_j}\left[\alpha_k \mu_{\mathrm{eff}} \frac{\partial k}{\partial x_j}\right]+G_k+\rho\varepsilon \tag{3-8}$$

$$\frac{\partial(\rho\varepsilon)}{\partial t}+\frac{\partial(\rho\varepsilon u_i)}{\partial x_i}=\frac{\partial}{\partial x_j}\left[\alpha_k\mu_{\mathrm{eff}}\frac{\partial\varepsilon}{\partial x_j}\right]+C_{1\varepsilon}^{*}\frac{\varepsilon}{k}G_k-C_{2\varepsilon}\rho\frac{\varepsilon^2}{k} \tag{3-9}$$

式中

$$\mu_{\mathrm{eff}}=\mu+\mu_l \tag{3-10}$$

$$\mu_l=\rho C_\mu\frac{k^2}{\varepsilon} \tag{3-11}$$

$$C_\mu=0.0845,\quad \alpha_k=\alpha_\varepsilon=1.39$$

$$C_{1\varepsilon}^{*}=C_{1\varepsilon}-\frac{\eta(1-\eta/\eta_0)}{1+\beta\eta^3} \tag{3-12}$$

$$C_{1\varepsilon}=1.42,\quad C_{2\varepsilon}=1.68$$

$$\eta=(2E_{ij}\cdot E_{ij})^{1/2}\frac{k}{\varepsilon} \tag{3-13}$$

$$E_{ij}=\frac{1}{2}\left(\frac{\partial u_i}{\partial x_j}+\frac{\partial u_j}{\partial x_i}\right) \tag{3-14}$$

$$\eta_0=4.377,\quad \beta=0.012$$

与标准 $k-\varepsilon$ 模型相比,RNG k - ε 模型主要变化:

(1) 通过修正湍动黏度,考虑了平均流动中的旋转及旋流流动情况;

(2) 在 ε 方程中增加了一项,从而反映了主流的时均应变率 E_{ij},这样,RNG $k-\varepsilon$ 模型中产生项不仅与流动情况有关,而且在同一问题中也还是空间坐标的函数。

3.2.2.4 体坐标系(MRF)

CFD 进行整个计算区域或者部分区域存在移动的流动模拟,包括单个旋转坐标系和多旋转坐标系、平移坐标系的计算。单旋转坐标系选项适合于旋转机械、搅拌器以及其他相关设备的模拟。由于设备中的转子、推进器、叶片周期性的运动,这些设备下的流动都是惯性条件下的非定常流动。但在没有定子的情况下,流动相对于旋转部件来说,就变成了定常流动,这样流动的分析就可以大大得到简化。在存在定子的情况下,只能采用相对复杂,能够进行转子或者推进器计算的模型,共有 4 种模型可供选择:① 多参考系

(MRF)模型;②混合面模型;③滑动网格模型;④动态网格技术。

多参考系模型和混合面模型都假定流动为定常,转子或者推进器的影响可以用近似均值来代替。这种处理方式在转子与定子间的相互影响较弱时可以得到较好的结果。而滑动网格模型,则假定流动是非定常的,因此可以真实地模拟转子与定子间的相互影响,所以在两者相互影响不可忽略的情况下,应当选择滑动网格模型,当然选择该模型需要消耗更多的计算时间。

旋转坐标系可以解决包括搅拌器中叶轮的旋转、旋转机械中叶片的旋转以及旋转通路中的流动计算等,MRF 方法不会使相邻的两个运动区域间产生相对运动,用于计算的网格依然是固定的,这类似于在指定位置固定运动部分的运动且观察该位置瞬间的流场,因此,MRF 方法被称为"冰冻转子法"。

在使用 MRF 模型进行计算时,整个计算域被分成多个小的子域。每个子域可以有自己的运动方式,或静止,或旋转,或平移。流场控制方程在每个子域内进行求解,在子域的交界面上则通过将速度换算成绝对速度的形式进行流场信息交换。使用 MRF 模型可以为瞬态滑移网格计算提供一个较好的初始条件。

3.2.2.5 多相流模型

多相流式在流体力学、传热传质学、物理化学等学科的基础上发展起来的一门学科。

1. VOF 模型

VOF 模型通过求解单独的动量方程和处理穿过区域的每一流体的体积分数来模拟两种或 3 种不能混合的流体。典型的应用包括预测、射流破碎、流体中大泡的运动、气液界面的稳态和瞬态处理。

VOF 模型中的两种或多种流体(或相)没有互相穿插(interpenetrating),对增加到模型里的每一附加相,就引进一个变量,即计算单元里的相的体积分数(the volume fraction of the phase)。在每个控制体积内,所有相的体积分数和为1。所有变量及属性的区域被各项共享并且代表了体积平均值(volume - averaged values),只要每一相的体积分数在每一位置是可知的,这样,在任何给定单元的变量及其属性,或者多相混合的变量及其属性就可求解得到,这取决于体积分数值。

如果第 q 相流体的体积分数记为 a_q,则

$a_q=0$,第 q 相流体在单元内是空的;

$a_q=1$,第 q 相流体在单元内是充满的;

$0<a_q<1$,单元中包含了第 q 相流体和一相或者多相流体的界面。

在VOF模型中,跟踪相与相之间的界面是通过求解一相或者多相的体积分数的连续方程来完成的。对第 q 相:

$$\frac{\partial \alpha_q}{\partial t}+v_q \cdot \nabla \alpha_q=\frac{S_{a_q}}{\rho_q}+\frac{1}{\rho_q}\sum_{p=1}^{n}(\dot{m}_{pq}-\dot{m}_{qp}) \tag{3-15}$$

式中,$\dot{m}_{pq}$ 是 p 相到 q 相的质量输送;$\dot{m}_{qp}$ 是 q 相到 p 相的质量输送。

2. 混合模型

混合模型(Mixture Model)是一种简化的多相流模型,它用于模拟各相不同速度的多相流,但是假定了在短空间尺度上局部的平衡。相之间的耦合应当是很强的,它也用于模拟有强烈耦合的各向同性多相流和各相以相同速度运动的多相流。混合模型可用于模拟各相不同速度的多相流动,但是假定了在短空间尺度上局部的平衡。

混合模型可以模拟 n 相(流体和粒子)流,通过求解混合相的连续性、动量和能量方程、第二相体积分数方程,以及相对速度的代数实现。

混合模型的连续性方程为

$$\frac{\partial}{\partial t}(\rho_m)+\nabla \cdot (\rho_m \bar{\nu}_m \nu)=0 \tag{3-16}$$

混合物的动量方程可以通过对所有相各自的动量方程求和来获得,即

$$\frac{\partial}{\partial t}(\rho_m \bar{\nu}_m)+\nabla \cdot (\rho_m \bar{\nu}_m \bar{\nu}_m)=-\nabla p+\nabla \cdot [\mu_m(\nabla \bar{\nu}_m+\nabla \bar{\nu}_m^{\mathrm{T}})]+\rho_m g_m+$$

$$\bar{F}+\nabla\cdot\left(\sum_{k=1}^{n}\alpha_{\kappa}\rho_{k}\bar{\nu}_{dr,k}\bar{\nu}_{dr,k}\right) \tag{3-17}$$

漂移速度和滑移速度的关系为

$$\bar{\nu}_{dr,p}=\bar{w}_{qp}-\sum_{k=1}^{n}\frac{\alpha_{\kappa}\rho_{\kappa}}{\rho_{m}} \tag{3-18}$$

第二相的体积分数为

$$\frac{\partial}{\partial t}(\alpha_{p}\rho_{p})+\nabla\cdot(\alpha_{p}\rho_{p}\nu_{m})=-\nabla\cdot(\alpha_{p}\rho_{p}\nu_{dr,p}) \tag{3-19}$$

3. 欧拉模型

采用欧拉(Eulerian)模型,第二相的数量仅仅因为内存要求和收敛行为而受到限制,只要有足够的内存,任何数量的第二相都可以模拟。然而,对于复杂的多相流动,数值解由于收敛性而受到限制。

欧拉模型连续性方程为

$$\frac{\partial}{\partial t}(\alpha_{p}\rho_{q})+\nabla\cdot(\alpha_{p}\rho_{q}\vec{\nu}_{q})=\sum_{p=1}^{n}(\dot{m}_{pq}-\dot{m}_{qp})+S_{q} \tag{3-20}$$

欧拉模型的动量方程为

$$\frac{\partial}{\partial t}(\alpha_{p}\rho_{q}\vec{\nu}_{q})+\nabla\cdot(\alpha_{p}\rho_{q}\vec{\nu}_{q}\vec{\nu}_{q})=-\alpha_{q}\nabla_{p}+\nabla\cdot\bar{\bar{\tau}}_{q}+\alpha_{q}\rho_{q}\bar{g}+\sum_{p=1}^{n}(\bar{R}_{pq}+\dot{m}_{pq}\vec{\nu}_{pq}-\dot{m}_{qp}\vec{\nu}_{qp})+(\vec{F}_{q}+\vec{F}_{lift,q}+\vec{F}_{wl,q}+\vec{F}_{vm,q}+\vec{F}_{td,q}) \tag{3-21}$$

欧拉模型能量方程为

$$\frac{\partial}{\partial t}(\alpha_{p}\rho_{q}h_{q})+\nabla\cdot(\alpha_{p}\rho_{q}\vec{u}_{q}h_{q})=\alpha_{q}\frac{\mathrm{d}p_{q}}{\mathrm{d}t}+\bar{\bar{\tau}}_{q}:\vec{u}_{q}-\nabla\cdot\vec{q}_{q}+S_{q}+\sum_{n}^{p=1}(Q_{pq}+\dot{m}_{pq}h_{pq}-\dot{m}_{qp}h_{qp})-\nabla\cdot\sum_{n}^{p=1}(h_{j,q}\vec{j}_{i,q}) \tag{3-22}$$

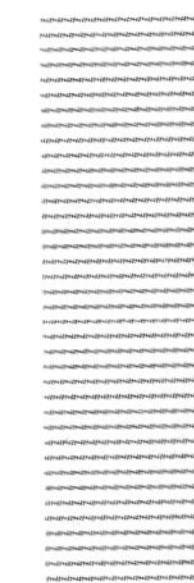

3.3 制球釜机构模型

3.3.1 制球釜搅拌机构CAD模型

通过给定图纸建立制球釜三维 CAD 模型。

螺旋桨 CAD 模型如图 3－2 所示，分散盘 CAD 模型如图 3－3 和图 3－4 所示。

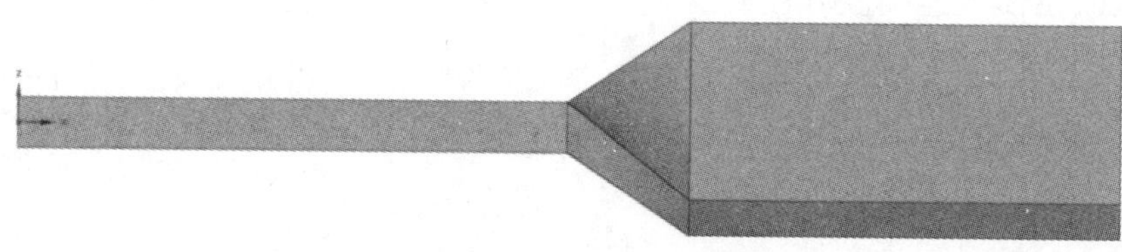

图 3－2 螺旋桨 CAD 模型

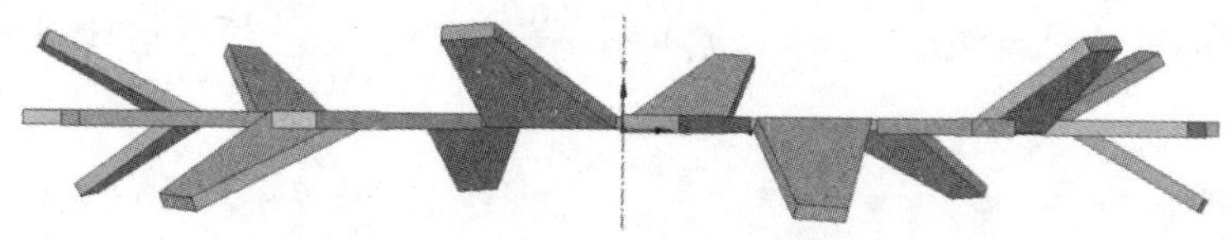

图 3－3 分散盘 CAD 模型(一)

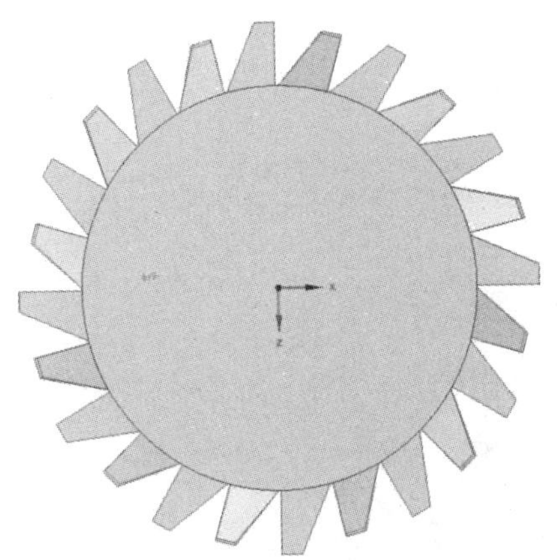

图 3-4 分散盘 CAD 模型(二)

建立制球釜 CAD 模型,如图 3-5 所示。

图 3-5 制球釜模型

制球釜各部件装配完成后，如图 3 - 6 所示。

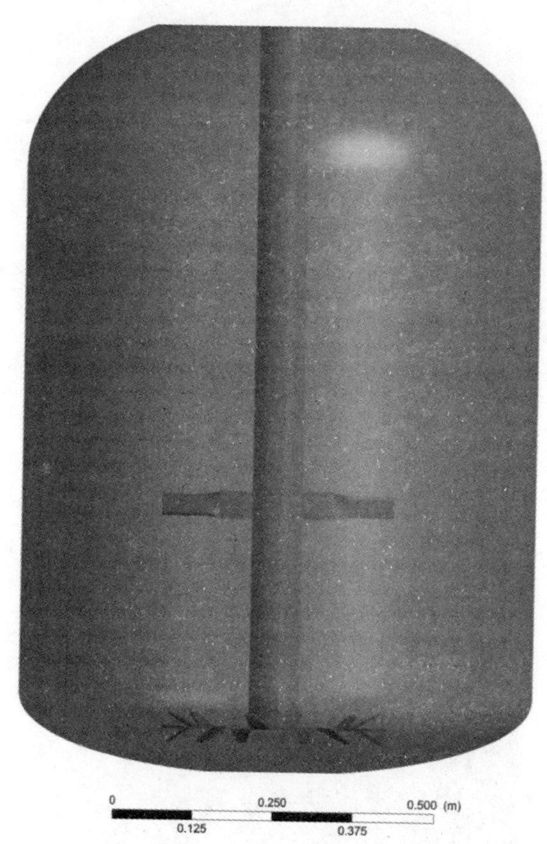

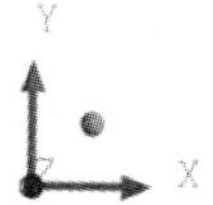

图 3 - 6　制球釜 CAD 模型

3.3.2　制球釜搅拌机构网格模型

制球釜面网格模型和搅拌机构面网格模型分别如图 3 - 7 和图 3 - 8 所示。面网格最小尺度为2 mm，最大尺度为 20 mm。

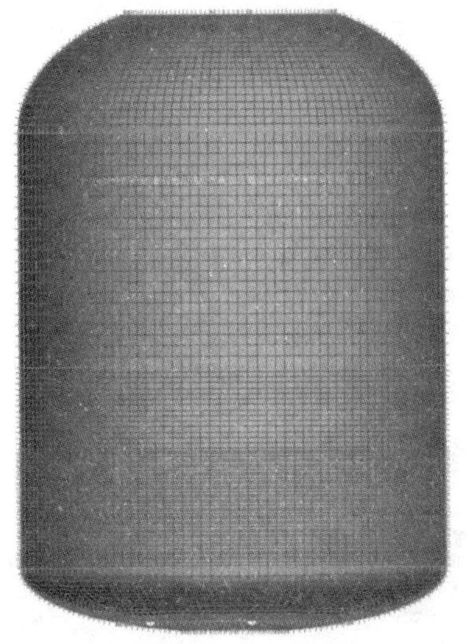

图 3-7 球釜表面网格模型

图 3-8 搅拌机构面网格模型

制球釜体网网格如图 3－9 所示，中间区域进行了作为多体坐标系的旋转域，网格进行了加密。旋转区域附近为非结构化网格，其他区域均为结构化网格。网格总数为 145 万个。

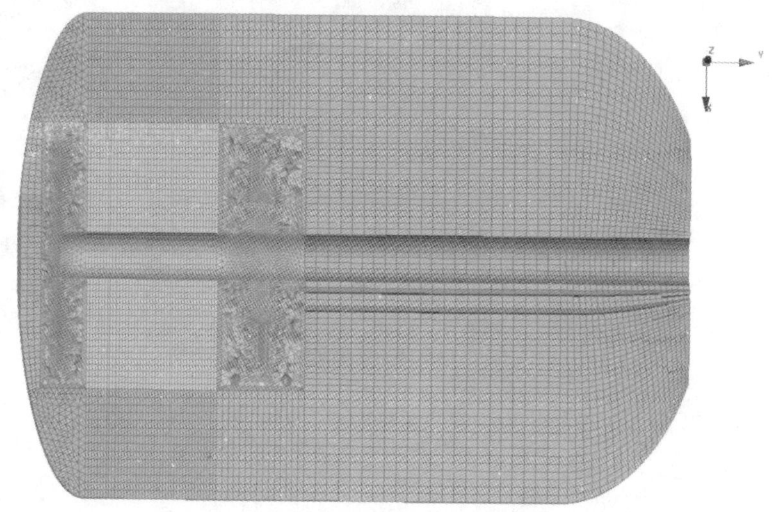

图 3－9　制球釜体网格

在搅拌釜圆盘旁边布置 6 个监测点，监测点的位置如图 3－10 所示，监测点的坐标见表 3－1。

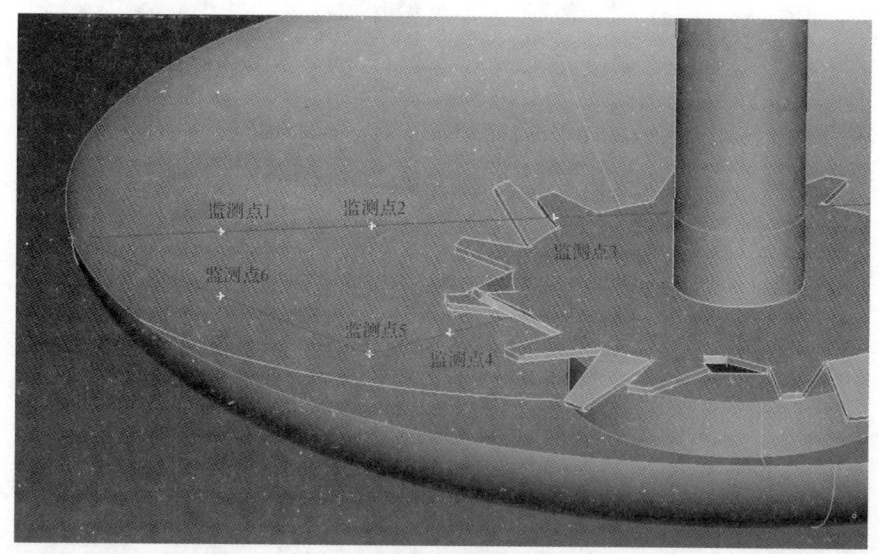

图 3－10　监测点

表 3-1　监测点位置

监测点	x	y	z
Point-1	0.310 003	−0.4	0
Point-2	0.220 006	−0.4	0
Point-3	0.110 003	−0.4	0
Point-4	0.174 460	−0.462 5	−0.016 355
Point-5	0.220 006	−0.48	0
Point-6	0.310 003	−0.44	0

3.4　液固混合分析

球形药制备工艺中第一个环节是乙酸乙酯和硝化棉的液固混合过程。乙酸乙酯和和硝化棉分别为 60 kg 和 6 kg。

3.4.1　计算方法

乙酸乙酯和硝化棉的液固混合过程采用多相流的 Mixture 模型。主相是乙酸乙酯，第二相为硝化棉和空气。图 3-11 所示为多相流模型中 Mixture 模型设置。

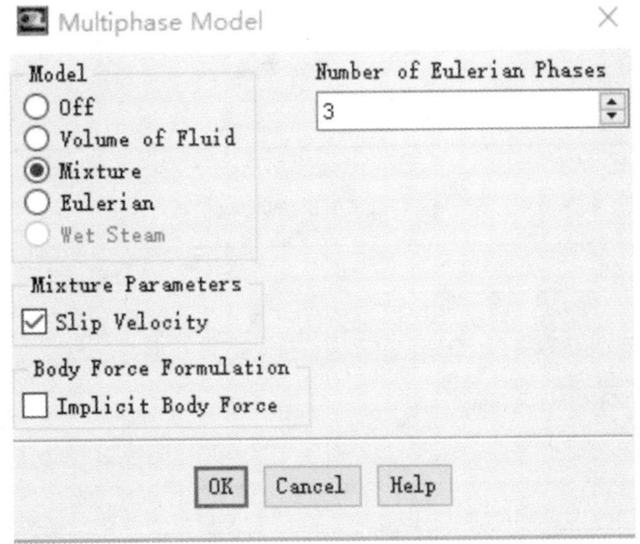

图 3-11　Mixture 模型

3.4.2 参数和边界条件

1. 物性参数

乙酸乙酯参数见表 3-2，乙酸乙酯加载量为 60 kg。经过换算，得乙酸乙酯总体积为 0.066 52 m^3。硝化棉参数见表 3-3，硝化棉加载量为6 kg。经过换算，得硝化棉总体积为 0.003 617 m^3。硝化棉热导率见表 3-4。硝化棉比热容见表 3-5。

表 3-2 乙酸乙酯参数

质量/kg	60
密度/(kg/m^3)	902
体积/m^3	0.066 52
初始温度/℃	20
比热容/(J/kg·K)	1 904
导热系数/(W/m·k)	0.144 5
黏性/(Pa·s)	$4.43e^{-4}$

表 3-3 硝化棉参数

质量/kg	6
密度/(kg/m^3)	1 659
体积/m^3	0.003 617
初始温度/℃	60

表 3-4 硝化棉热导率

温度/℃	热导率/(W/m·k)
25	0.108
34.8	0.15
44.8	0.198
54.8	0.233
64.9	0.232

表 3-5 硝化棉比热容

温度/℃	比热容/(J/kg·K)
25	1 015
34.8	1 252
44.8	1 478
54.8	1 587
64.9	1 434

2. 边界条件

乙酸乙酯和硝化棉的液固混合过程搅拌釜是密闭容器，所以搅拌釜内壁面和搅拌桨均采用 Wall 壁面边界条件。搅拌桨转速为 830 r/min。重力方向 $Y=-9.81\ m/s^2$。时间步长 0.01 s。

3. 初始条件

根据球形药搅拌工艺先加入 60 kg 乙酸乙酯，乙酸乙酯温度为 20℃。再加入硝化棉 6 kg，硝化棉初始温度为 60℃。乙酸乙酯初始时刻体积分数分布如图 3-12 所示。初始时刻硝化棉体积分数分布如图 3-13 所示。初始时刻空气体积分数分布如图 3-14 所示。初始时刻温度分布如图 3-15 所示。

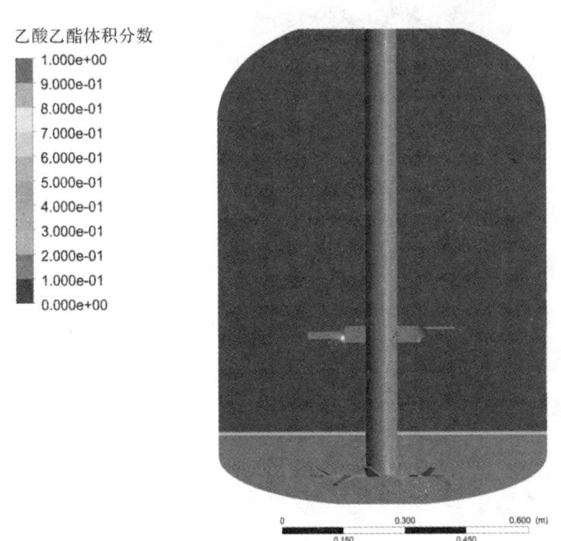

图 3-12 初始时刻乙酸乙酯体积分数分布(Z=0 切面,0 s 时刻)

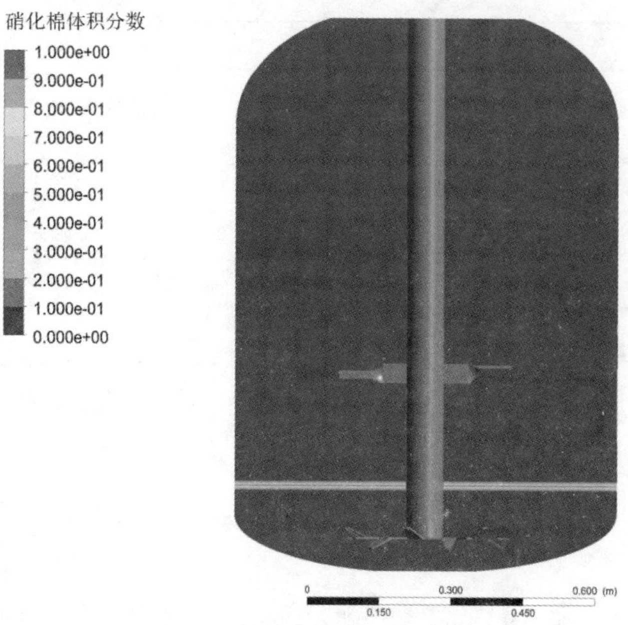

图 3-13　初始时刻硝化棉体积分数分布(*Z*=0 切面,0 s 时刻)

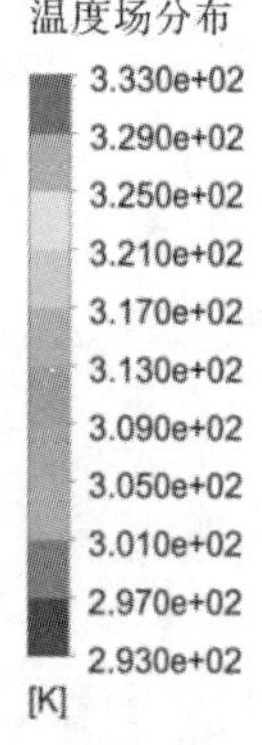

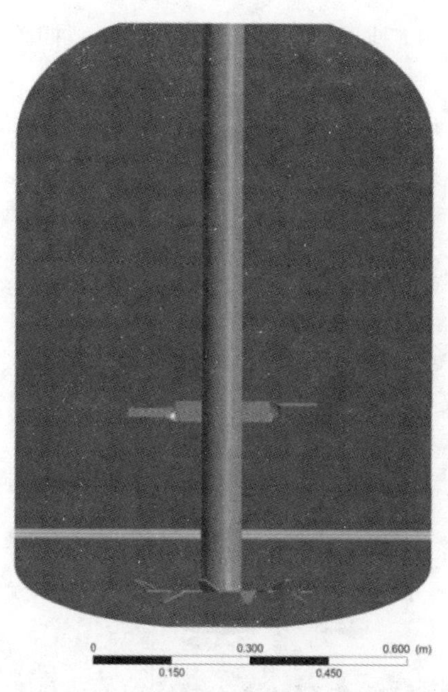

图 3-15　初始时刻温度场分布(*Z*=0 切面,0 s 时刻)

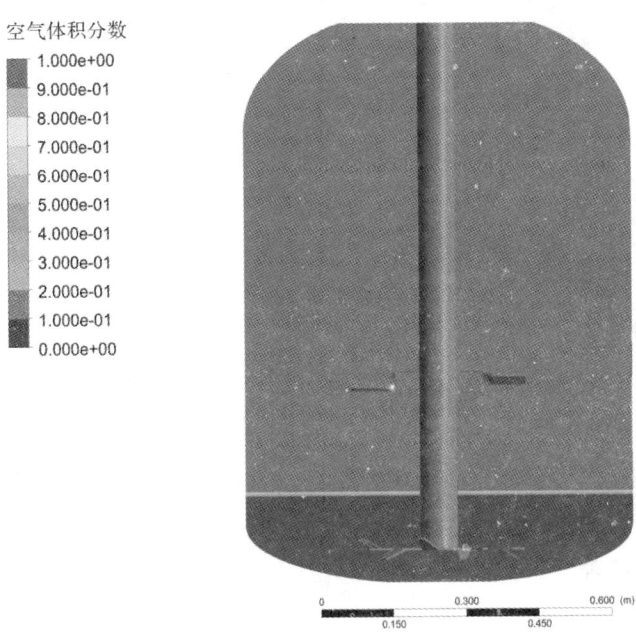

图 3-14 初始时刻空气体积分数分布($Z=0$ 切面,0 s 时刻)

3.4.3 结果分析

通过多相流混合模型对乙酸乙酯和硝化棉的液固混合过程模拟分析,搅拌桨搅拌过程通过多体坐标系(MRF)来实现。

3.4.3.1 监测点体积分数变化

在提交计算时设置 6 个监测点,监测点的位置见图 3-10,图 3-16 和图 3-17 是其中两个监测点 1 和 4 的硝化棉体积分数随时间变化曲线。在 50 s 以内硝化棉的体积分数分布变化剧烈,然后变化逐渐趋于平缓。

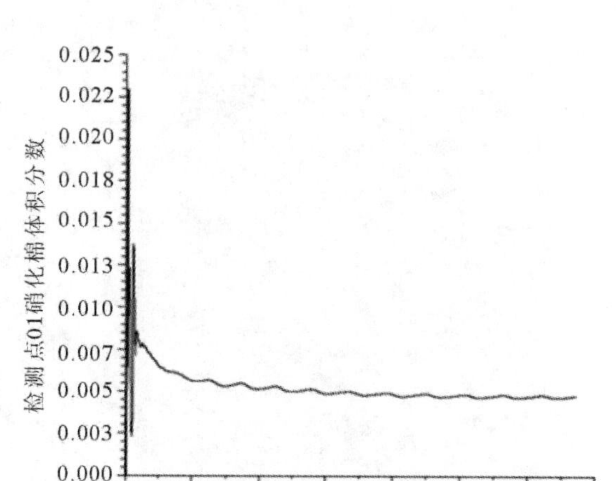

图 3-16　监测点 1 硝化棉体积分数随时间变化

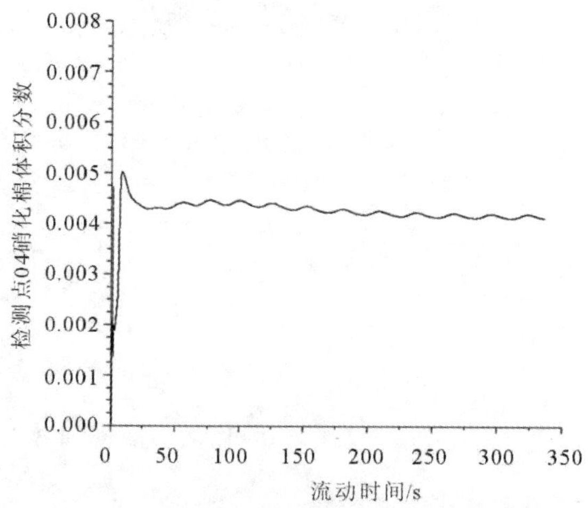

图 3-17　监测点 4 硝化棉体积分数随时间变化

3.4.3.2　搅拌过程速度场分布

搅拌过程速度场分布如图 3-18～图 3-21 所示。从这些图中可知，在 10 s之后搅拌釜内速度场分布趋势一致。1 s 时刻 $Z=0$ 切面上速度最大值为 18.76 m/s，10 s 时刻 $Z=0$ 切面上速度最大值为 17.8 m/s，20 s 时刻 $Z=0$ 切面上速度最大值为 17.66 m/s，330 s 时刻 $Z=0$ 切面上速度最大值为 17.49 m/s。

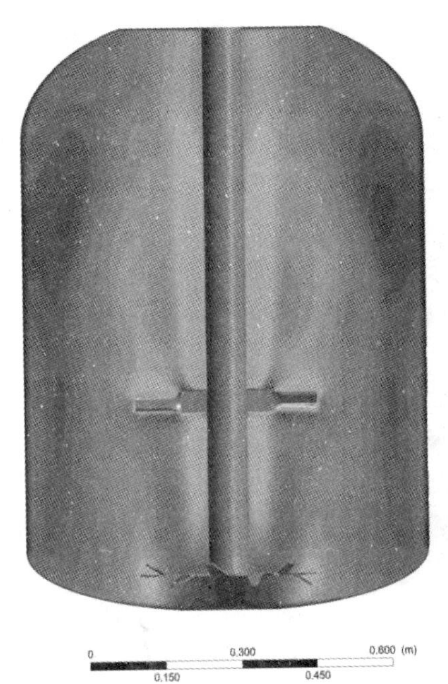

图 3－18　速度场分布(Z=0 切面,1 s 时刻)

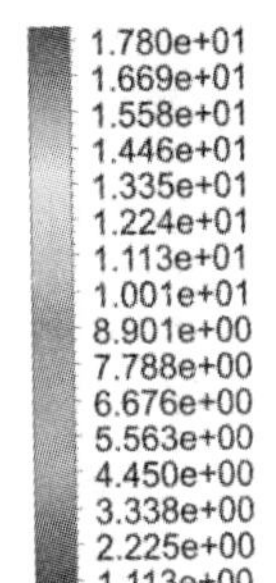

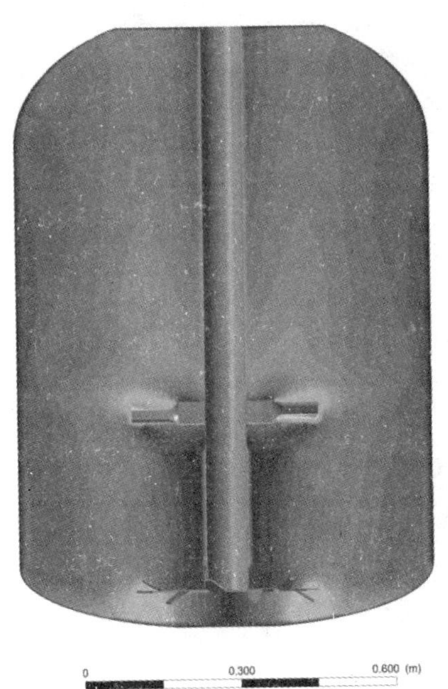

图 3－19　速度场分布(Z=0 切面,10 s 时刻)

图 3-20　速度场分布(Z=0 切面,20 s 时刻)

图 3-21　速度场分布(Z=0 切面,330 s 时刻)

3.4.3.3 搅拌过程乙酸乙酯分布

搅拌过程乙酸乙酯的分布如图 3-22～图 3-25 所示。从这些图中可知，1 s 时刻，$Z=0$ 切面乙酸乙酯最大体积分数为 0.81，最小体积分数分布是 $8.49e^{-3}$。10 s 时刻，$Z=0$ 切面乙酸乙酯最大体积分数为 0.264，最小体积分数是$6.28e^{-2}$。20 s 时刻，$Z=0$ 切面乙酸乙酯最大体积分数为 0.237，最小体积分数是 $8.87e^{-2}$。330 s 时刻，Z=0 切面乙酸乙酯最大体积分数为 0.151，最小体积分数分布是 0.149。通过后处理 Expression 混合均匀度 H1=(最大值－最小值)/平均值计算。H1(330 s)=0.022 4；H1(300 s)=0.0229。

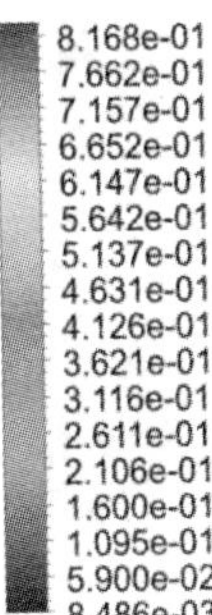

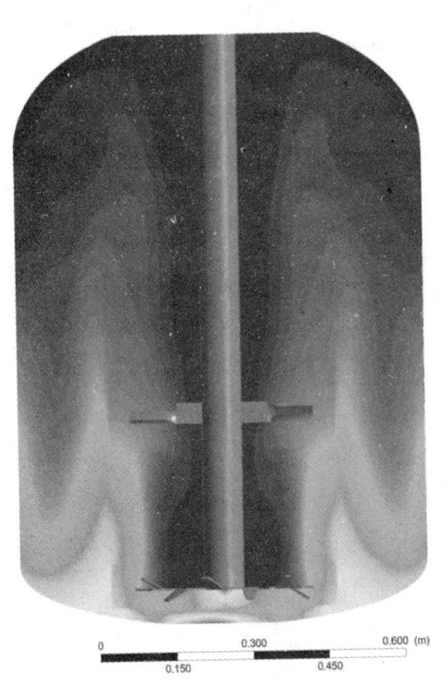

图 3-22 乙酸乙酯体积分数分布(Z=0 切面，1 s 时刻)

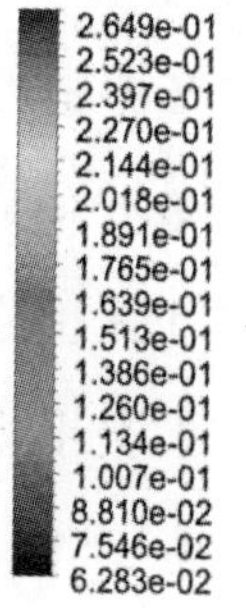

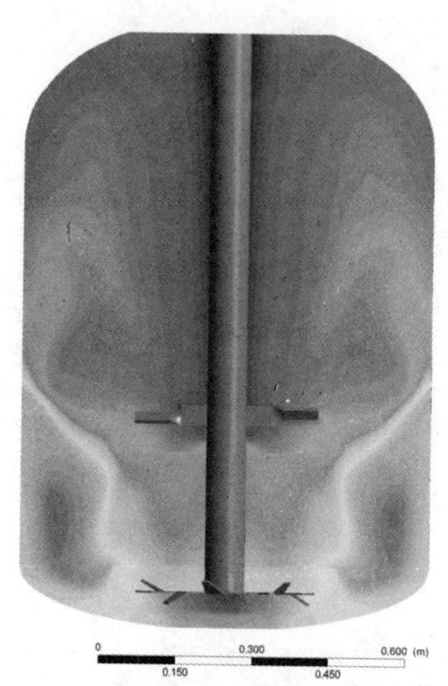

图 3－23　乙酸乙酯体积分数分布(Z=0 切面,10 s 时刻)

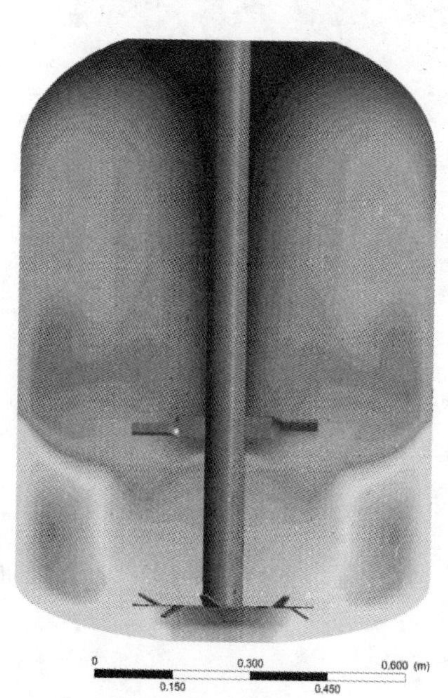

图 3－24　乙酸乙酯体积分数分布(Z=0 切面,20 s 时刻)

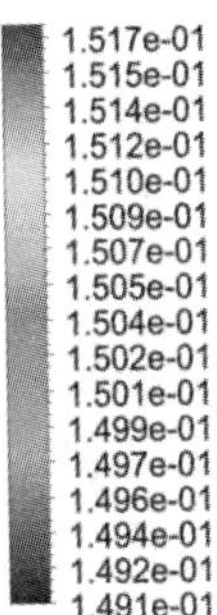

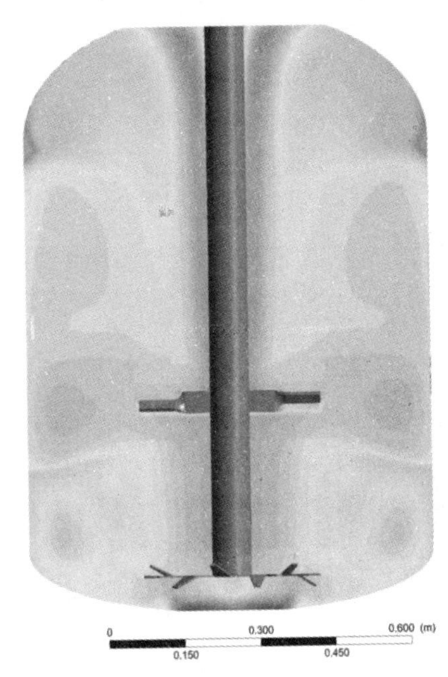

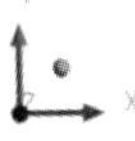

图 3-25 乙酸乙酯体积分数分布(Z=0 切面,330 s 时刻)

3.4.3.4 搅拌过程硝化棉分布

搅拌过程硝化棉的分布如图 3-26～图 3-29 所示。1 s 时刻,$Z=0$ 切面硝化棉最大体积分数为 $2.98e^{-2}$,最小体积分数是 $1.44e^{-6}$。10 s 时刻,$Z=0$切面硝化棉最大体积分数为 $1.22e^{-2}$,最小体积分数分布是 $4.99e^{-7}$。20 s 时刻,$Z=0$ 切面硝化棉最大体积分数为 $1.46e^{-2}$,最小体积分数分布是 $1.83e^{-6}$。330 s 时刻,$Z=0$ 切面硝化棉最大体积分数为 $1.22e^{-2}$,最小体积分数分布是 $9.6e^{-7}$。除了搅拌桨及转轴附件硝化棉含量较低外,330 s 时刻,硝化棉的体积分数为 $2.23e^{-3}$～$1.21e^{-4}$。通过后处理 Expression 混合均匀度 H2=(最大值－最小值)/平均值计算。H2(330s)=2.9;H2(300s)=3.03。

硝化棉体积分数

2.976e-02
2.790e-02
2.604e-02
2.418e-02
2.232e-02
2.046e-02
1.860e-02
1.674e-02
1.488e-02
1.302e-02
1.116e-02
9.300e-03
7.440e-03
5.581e-03
3.721e-03
1.861e-03
1.439e-06

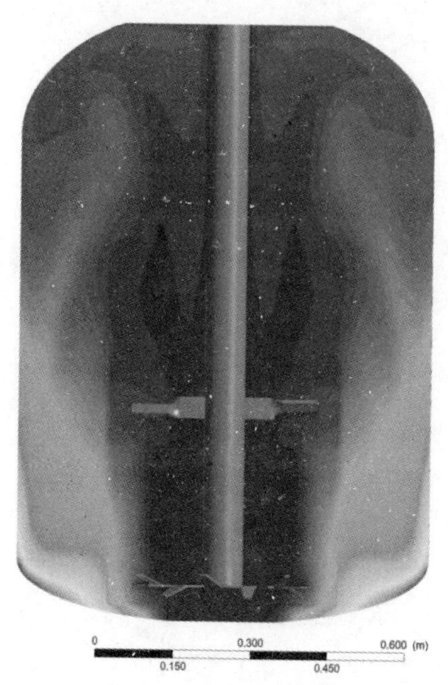

图 3－26　硝化棉体积分数分布(Z=0 切面，1 s 时刻)

硝化棉体积分数

1.223e-02
1.147e-02
1.070e-02
9.939e-03
9.175e-03
8.410e-03
7.646e-03
6.881e-03
6.117e-03
5.352e-03
4.588e-03
3.823e-03
3.059e-03
2.294e-03
1.530e-03
7.650e-04
4.990e-07

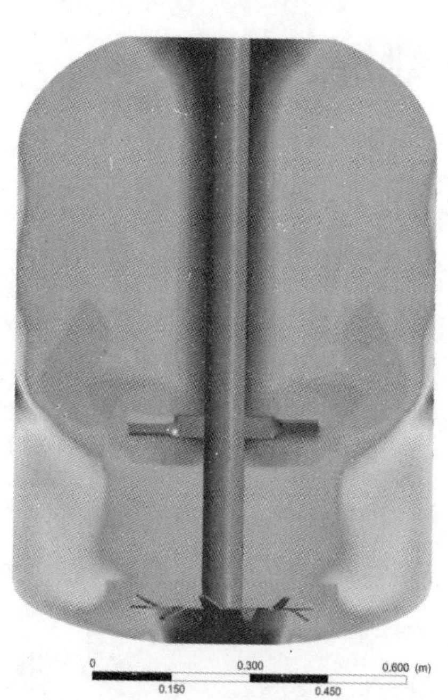

图 3－27　硝化棉体积分数分布(Z=0 切面，10 s 时刻)

硝化棉体积分数

1.461e-02
1.370e-02
1.279e-02
1.187e-02
1.096e-02
1.005e-02
9.134e-03
8.221e-03
7.308e-03
6.394e-03
5.481e-03
4.568e-03
3.655e-03
2.741e-03
1.828e-03
9.150e-04
1.828e-06

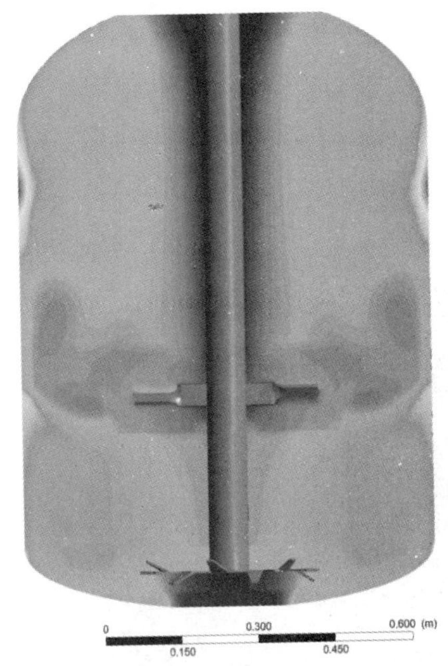

图 3－28　硝化棉体积分数分布(Z=0 切面,20 s 时刻)

硝化棉体积分数

1.216e-02
1.140e-02
1.064e-02
9.882e-03
9.122e-03
8.362e-03
7.602e-03
6.842e-03
6.082e-03
5.322e-03
4.562e-03
3.801e-03
3.041e-03
2.281e-03
1.521e-03
7.611e-04
9.610e-07

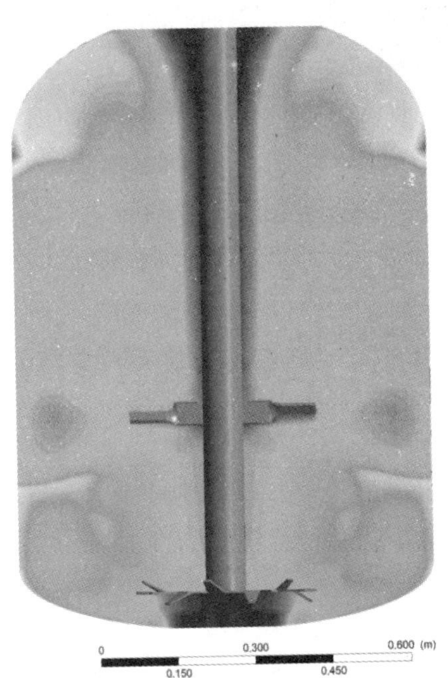

图 3－29　硝化棉体积分数分布(Z=0 切面,33 s 时刻)

3.4.3.5　搅拌过程温度场分布

硝化棉温度场分布如图 3-30 所示，330 s 时刻，$Z=0$ 切面温度场分布为 295K(22℃)。

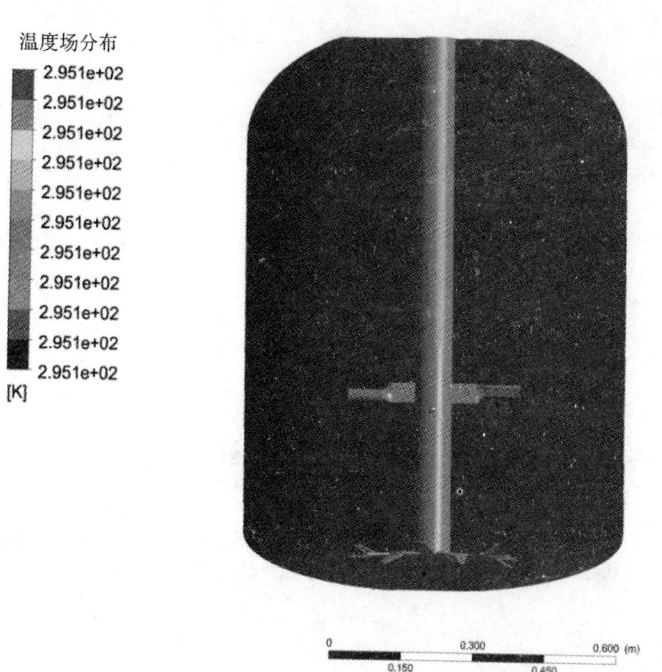

图 3-30　硝化棉温度场分布($Z=0$ 切面，330 s 时刻)

3.5　液液混合分析

球形药制备工艺中第二个环节是以乙酸乙酯和硝化棉的混合液与水的混合过程。乙酸乙酯和和硝化棉混合液为 66 kg，水 120 kg。

3.5.1 计算方法

乙酸乙酯和硝化棉的混合液和水的混合过程采用多相流混合模型。主相是乙酸乙酯，第二相为混合液和空气。图 3-31 为多相流模型中混合模型设置。

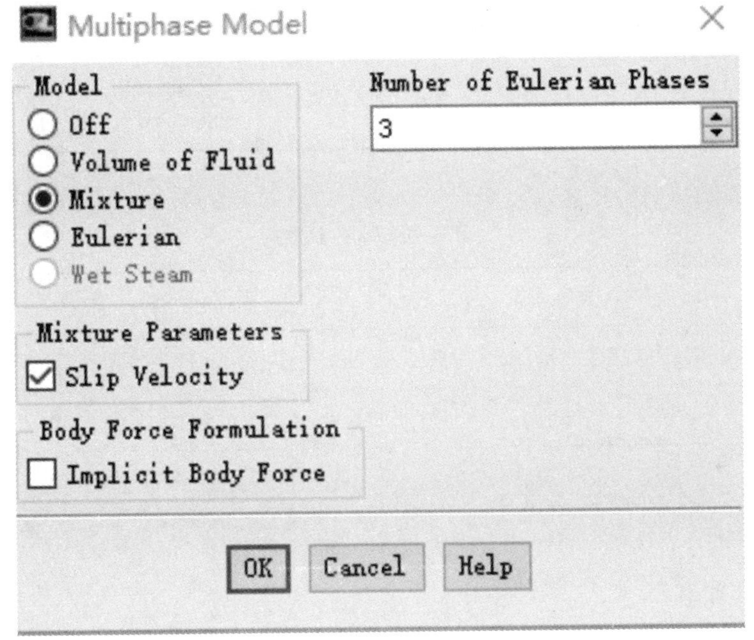

图 3-31 Mixture 模型

3.5.2 参数及边界条件

1. 物性参数

乙酸乙酯和硝化棉混合液物性参数见表 3-6，乙酸乙酯和硝化棉加载量为 66 kg。经过换算乙酸乙酯和硝化棉混合液总体积为 0.070 137 m^3。水的参数见表 3-7，水的加载量为 120 kg，经过换算水的总体积为 0.120 216 m^3。

表 3-6　乙酸乙酯和硝化棉混合液参数

质量/kg	66
密度/(kg·m^3)	902
体积/m^3	0.070 137
初始温度/℃	20
热容/(J/kg·K)	1 904
导热系数/(W/m·k)	0.144 5
黏性/(Pa·s)	$3.32e^{-4}$

表 3-7　水的参数

质量/kg	120
密度/(kg/m^3)	998.2
体积/m^3	0.120 216
初始温度/℃	60

2.边界条件

乙酸乙酯和硝化棉的混合液和水液液混合过程搅拌釜是密闭容器,所以搅拌釜内壁面和搅拌桨均采用 Wall 壁面边界条件。搅拌桨转速为 700 r/min。重力方向 $Y=-9.81\ m/s^2$。时间步长 0.01 s。

3.初始条件

根据球形药搅拌工艺搅拌釜以及有 66 kg 乙酸乙酯和硝化棉的混合液。混合液温度为 20℃。再加入水 120 kg,水的初始温度为 60℃。混合液初始时刻体积分数分布如图 3-32 所示。初始时刻水的体积分数分布如图 3-33 所示。初始时刻空气体积分数分布如图 3-34 所示。初始时刻温度分布如图 3-35 所示。

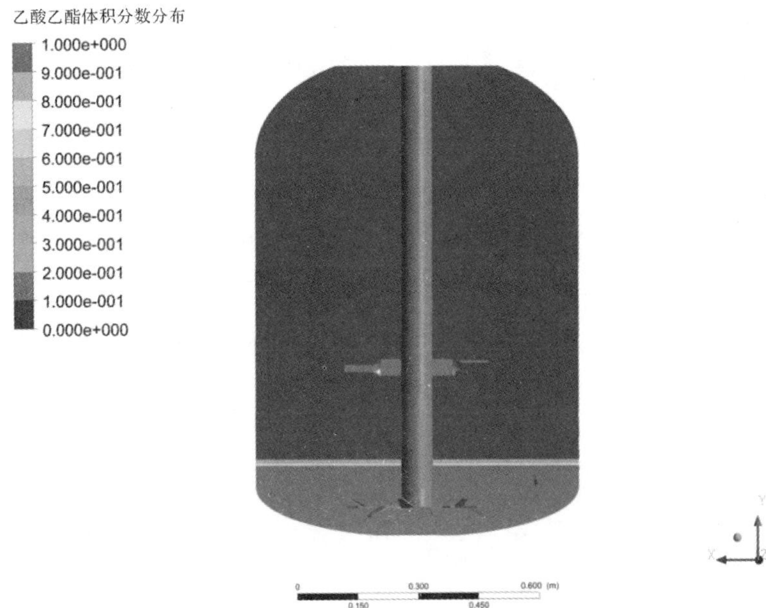

图3-32 初始时刻混合液体积分数分布(Z=0切面,0 s时刻)

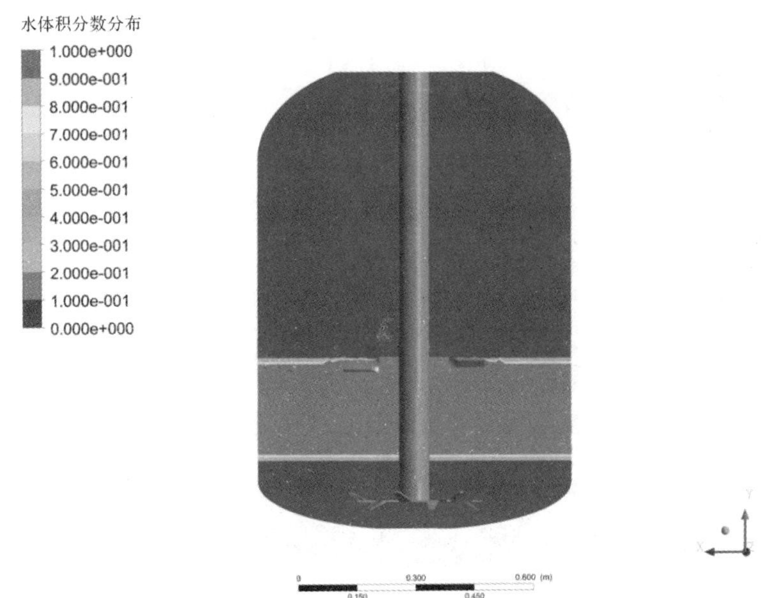

图3-33 初始时刻水体积分数分布(Z=0切面,0 s时刻)

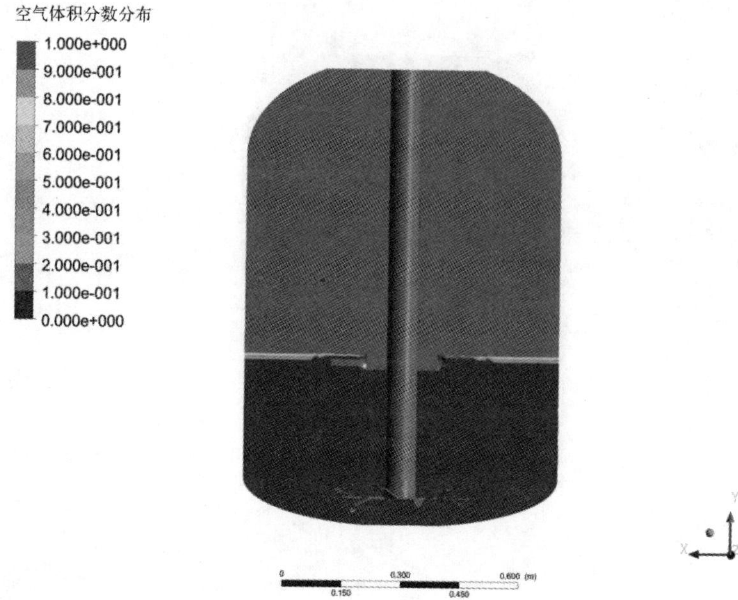

图 3-34　初始时刻空气体积分数分布($Z=0$ 切面,0 s 时刻)

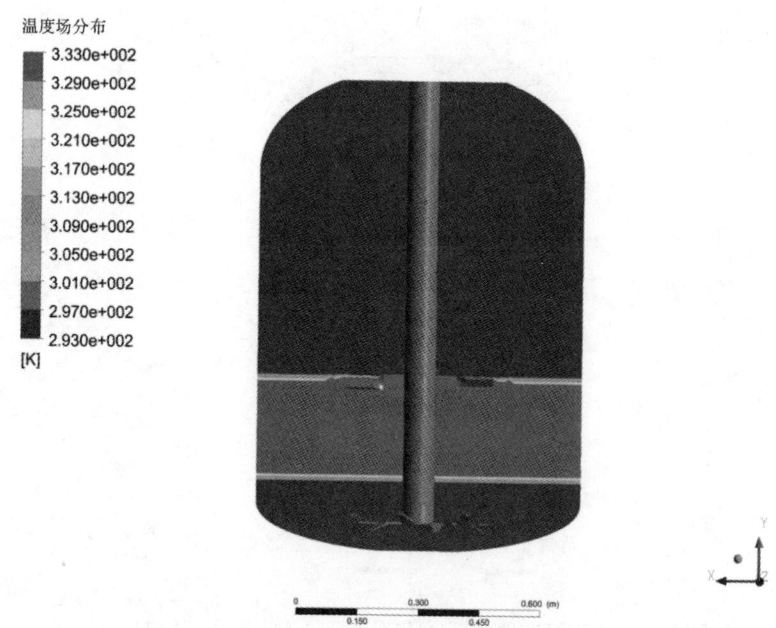

图 3-35　初始时刻温度场分布($Z=0$ 切面,0 s 时刻)

3.5.3 结果分析

通过多相流混合模型对乙酸乙酯和硝化棉的混合液与水的混合过程模拟分析，搅拌桨搅拌过程通过多体坐标系(MRF)来实现。

3.5.3.1 监测点体积分数变化

计算时设置 6 个监测点，监测点的位置如图 3-10 所示，图 3-36 和图 3-37是其中两个监测点 1 和 4，混合液体积分数随时间变化。在 50 s 以内硝化棉的体积分数分布变化剧烈，然后变化逐渐趋于平缓。

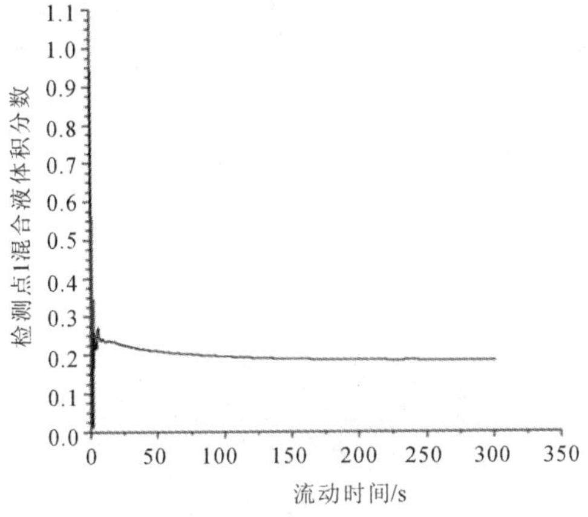

图 3-36 监测点 1 混合液体积分数随时间变化

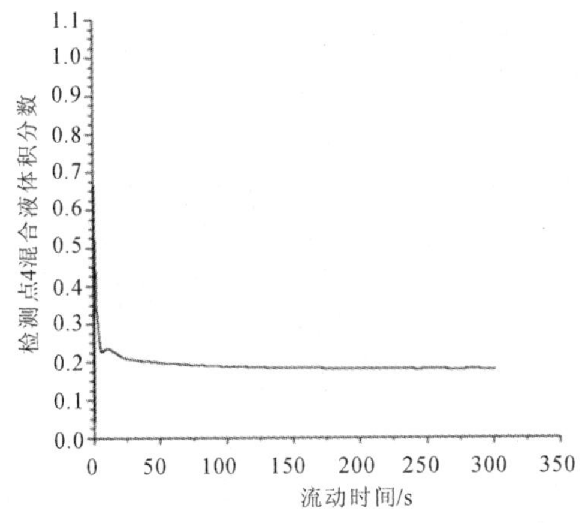

图 3-37 监测点 4 混合液体积分数随时间变化

3.5.3.2 搅拌过程速度场分布

搅拌过程速度场分布如图 3－38～图 3－41 所示。搅拌釜内速度场分布趋势一致。1 s 时刻 $Z=0$ 切面上速度最大值为 15.94 m/s，10 s 时刻 $Z=0$ 切面上速度最大值为 14.95 m/s，20 s 时刻 $Z=0$ 切面上速度最大值为 14.85 m/s，330 s 时刻 $Z=0$ 切面上速度最大值为 14.87 m/s。

3.5.3.3 搅拌过程混合液分布

搅拌过程混合液的分布如图 3－42～图 3－45 所示。1 s 时刻，$Z=0$ 切面混合液最大体积分数为 0.98，位于圆盘下方。最小体积分数是 $5.46e^{-4}$。10 s时刻，$Z=0$ 切面混合液最大体积分数为 0.422，最小体积分数是 $1.80e^{-3}$。20 s 时刻，$Z=0$ 切面混合液最大体积分数为 0.23，最小体积分数分布是 $4.67e^{-3}$。300 s 时刻，$Z=0$ 切面混合液最大体积分数为 0.196 8，最小体积分数分布是 $4.476e^{-2}$。

通过后处理 Expression 混合均匀度 H3＝(最大值－最小值)/平均值计算。H3(300s)＝0.956 516；H3(290s)＝0.960 478。

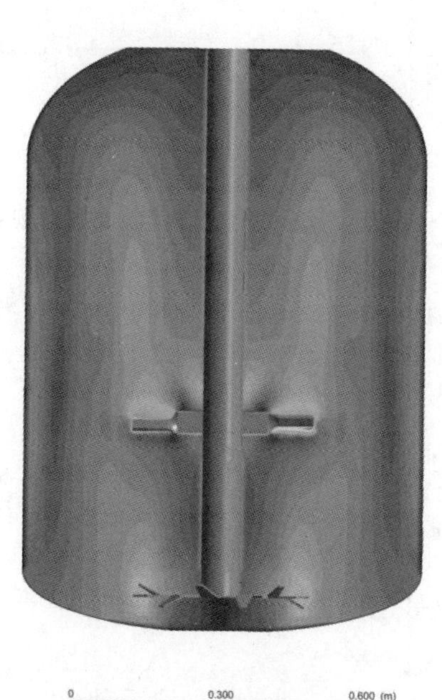

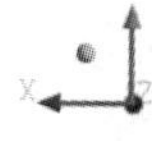

图 3－38 速度场分布（$Z=0$ 切面，1 s 时刻）

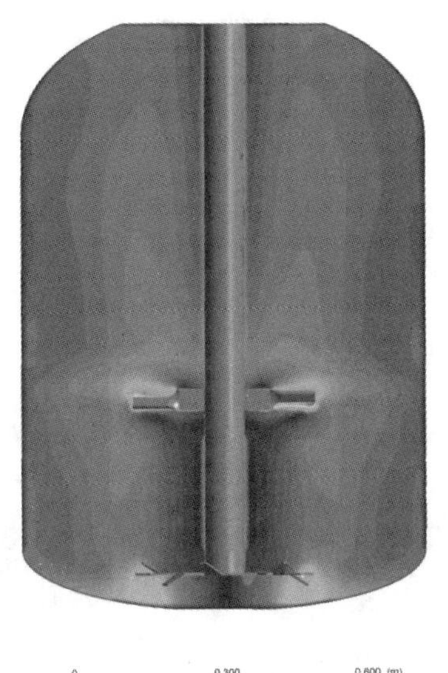
法向速度场分布
1.495e+001
1.401e+001
1.308e+001
1.215e+001
1.121e+001
1.028e+001
9.343e+000
8.408e+000
7.474e+000
6.540e+000
5.606e+000
4.671e+000
3.737e+000
2.803e+000
1.869e+000
9.343e-001
0.000e+000
[m s^-1]
0
0.300
0.600 (m)
0.150
0.450

图 3－39　速度场分布(Z=0 切面,10 s 时刻)

法向速度场分布
1.485e+001
1.392e+001
1.299e+001
1.206e+001
1.114e+001
1.021e+001
9.280e+000
8.352e+000
7.424e+000
6.496e+000
5.568e+000
4.640e+000
3.712e+000
2.784e+000
1.856e+000
9.280e-001
0.000e+000
[m s^-1]
0
0.300
0.600 (m)
0.150
0.450

图 3－40　速度场分布(Z=0 切面,20 s 时刻)

法向速度场分布

1.487e+001
1.394e+001
1.301e+001
1.208e+001
1.115e+001
1.022e+001
9.292e+000
8.363e+000
7.434e+000
6.505e+000
5.575e+000
4.646e+000
3.717e+000
2.788e+000
1.858e+000
9.292e-001
0.000e+000
[m s^-1]

图 3-41　速度场分布(Z=0 切面,300 s 时刻)

乙酸乙酯体积分数

9.757e-001
9.148e-001
8.538e-001
7.929e-001
7.319e-001
6.710e-001
6.100e-001
5.491e-001
4.881e-001
4.272e-001
3.662e-001
3.053e-001
2.443e-001
1.834e-001
1.224e-001
6.149e-002
5.457e-004

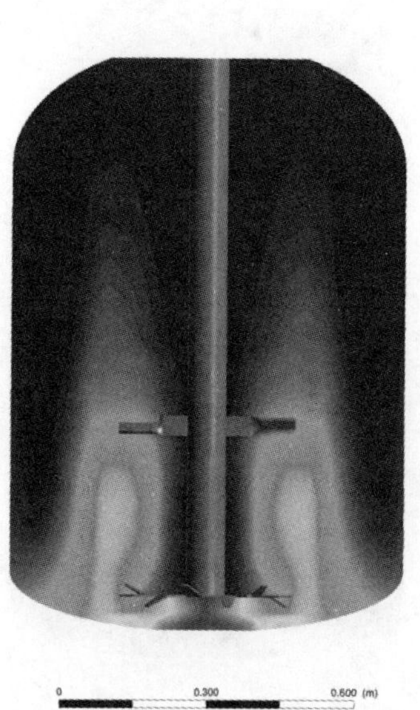

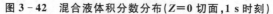

图 3-42　混合液体积分数分布(Z=0 切面,1 s 时刻)

乙酸乙酯体积分数

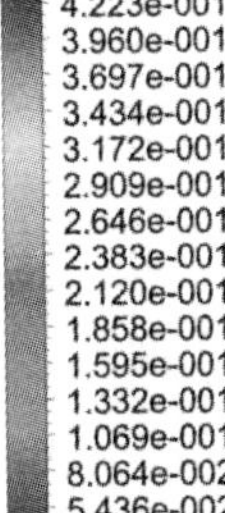

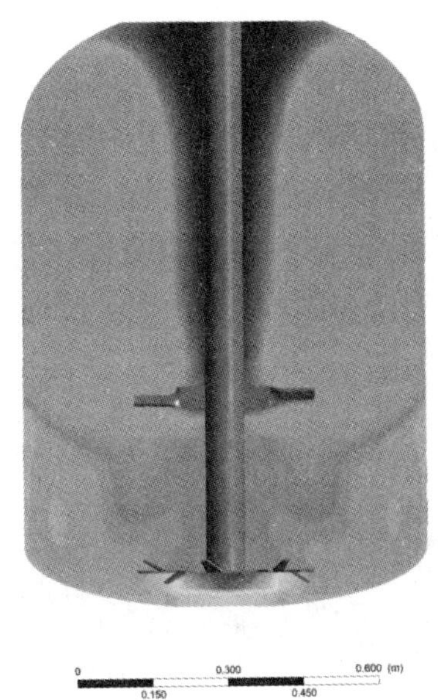

图 3-43　混合液体积分数分布(Z=0 切面,10 s 时刻)

乙酸乙酯体积分数

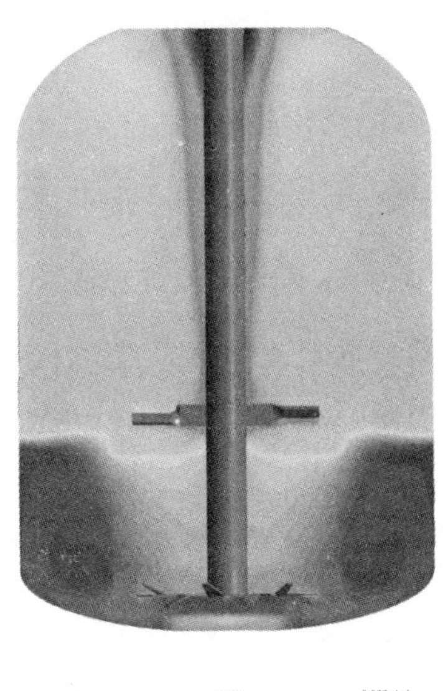

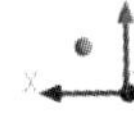

图 3-44　混合液体积分数分布(Z=0 切面,20 s 时刻)

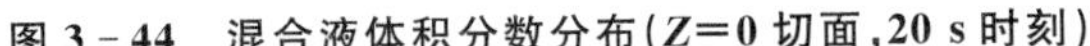

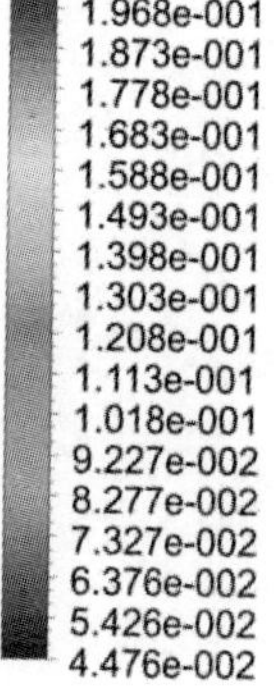

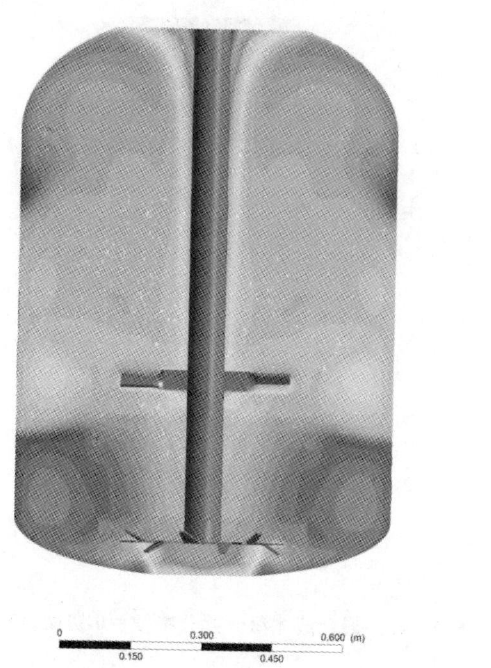

图 3-45　混合液体积分数分布(*Z*=0 切面,300 s 时刻)

3.5.3.4　搅拌过程水分布

搅拌过程水的分布如图 3-46～图 3-49 所示。1 s 时刻,*Z*=0 切面水最大体积分数为 0.7186,最小体积分数是 $3.824e^{-4}$。10 s 时刻,Z=0 切面水的最大体积分数为 0.3,最小体积分数分布是 0.128。20 s 时刻,*Z*=0 切面水的最大体积分数为 0.3,最小体积分数分布是 1.64。330 s 时刻,*Z*=0 切面水的最大体积分数为 0.241 8,最小体积分数分布是 0.204 4。通过后处理 Expression 混合均匀度 H4=(最大值−最小值)/平均值计算。H4(300 s)=0.192 688;H4(290 s)=0.193 982。

水体积分数分布云图

7.186e-001
6.737e-001
6.288e-001
5.839e-001
5.391e-001
4.942e-001
4.493e-001
4.044e-001
3.595e-001
3.146e-001
2.697e-001
2.248e-001
1.799e-001
1.351e-001
9.016e-002
4.527e-002
3.824e-004

图 3-46 水体积分数分布(Z=0 切面,1 s 时刻)

水体积分数分布云图

3.009e-001
2.901e-001
2.793e-001
2.684e-001
2.576e-001
2.468e-001
2.359e-001
2.251e-001
2.143e-001
2.035e-001
1.926e-001
1.818e-001
1.710e-001
1.601e-001
1.493e-001
1.385e-001
1.277e-001

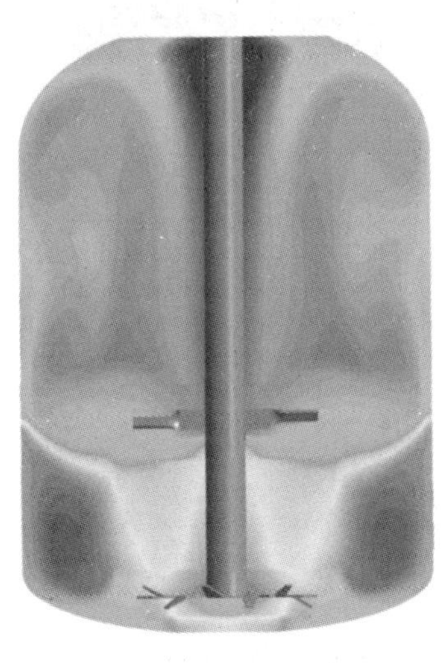

图 3-47 水体积分数分布(Z=0 切面,10 s 时刻)

水体积分数分布云图

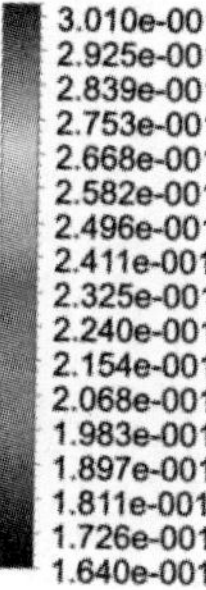

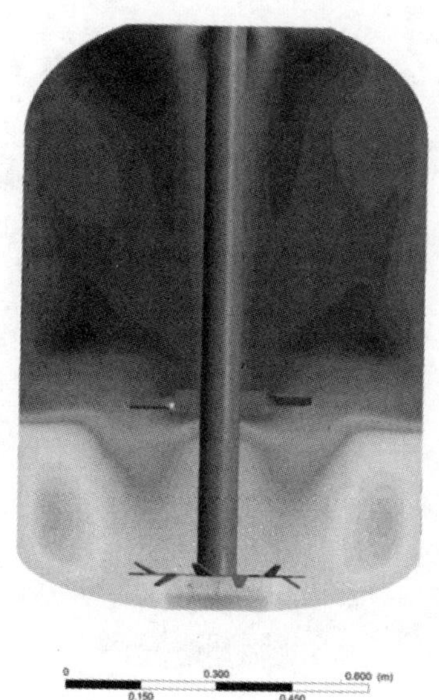

图 3-48 水体积分数分布(Z=0 切面,20 s 时刻)

水体积分数分布云图

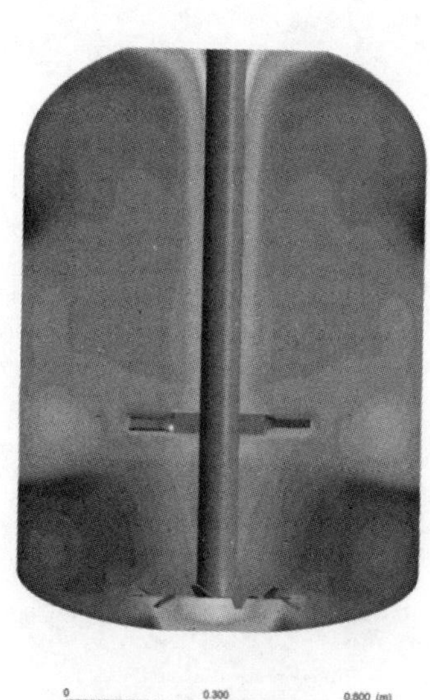

图 3-49 水体积分数分布(Z=0 切面,300 s 时刻)

3.5.3.5 搅拌过程温度场分布

硝化棉温度分布云图如图 3－50 所示，300 s 时刻，$Z=0$ 切面温度场分布为 327.5K(54.5℃)。

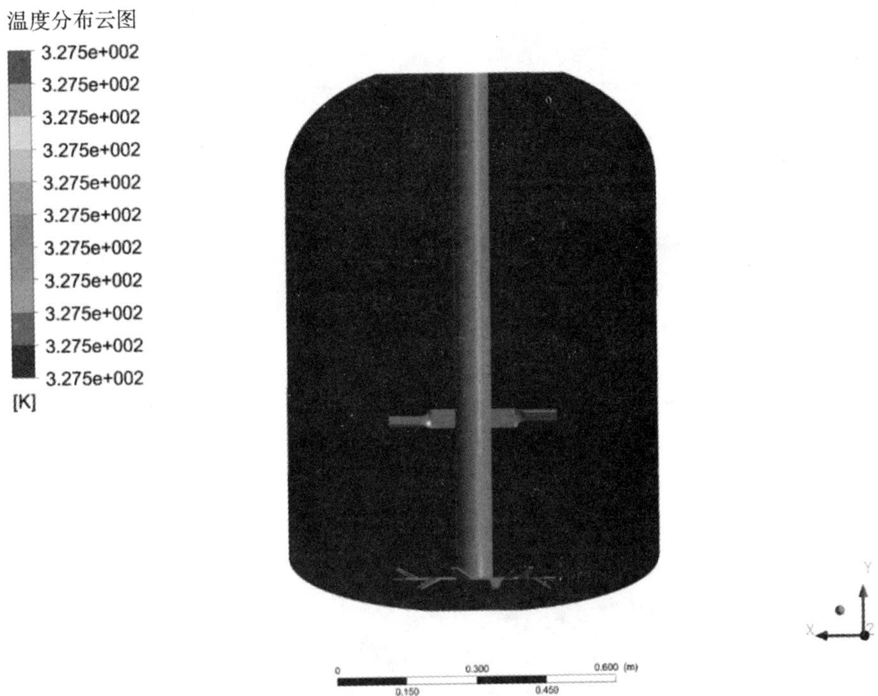

图 3－50 硝化棉温度分布云图($Z=0$ 切面，330 s 时刻)

3.5.3.6 搅拌过程分析方法对比

针对液液搅拌系统分别采用混合法和欧拉法进行分析，如图 3－51～图 3－54 所示。

法向速度分布云图

1.484e+001
1.391e+001
1.299e+001
1.206e+001
1.113e+001
1.020e+001
9.276e+000
8.348e+000
7.421e+000
6.493e+000
5.566e+000
4.638e+000
3.710e+000
2.783e+000
1.855e+000
9.276e-001
0.000e+000
[m s^-1]

图 3－51　混合法速度分布($Z=0$ 切面，60 s 时刻)

法向速度分布云图

1.470e+01
1.378e+01
1.287e+01
1.195e+01
1.103e+01
1.011e+01
9.190e+00
8.271e+00
7.352e+00
6.433e+00
5.514e+00
4.595e+00
3.676e+00
2.757e+00
1.838e+00
9.190e-01
0.000e+00
[m s^-1]

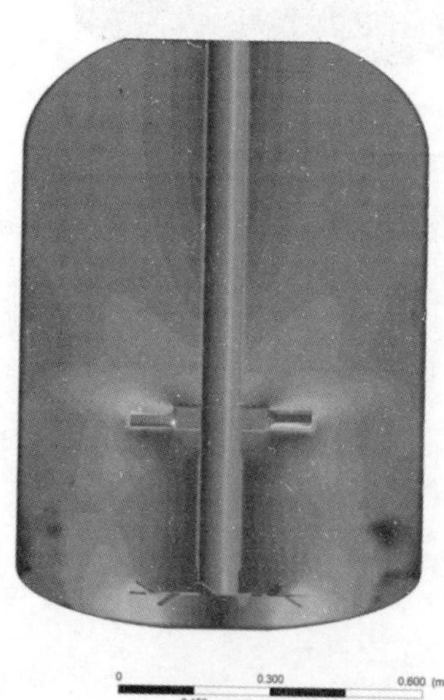

图 3－52　欧拉法速度分布($Z=0$ 切面，60 s 时刻)

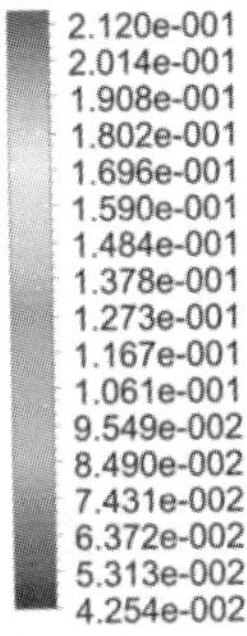

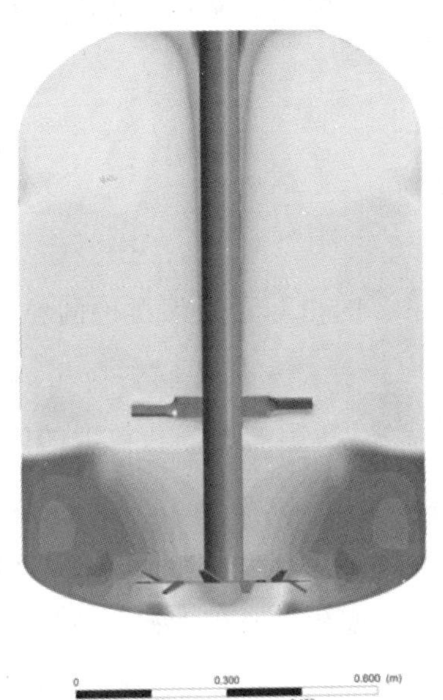

图 3 - 53　混合法混合液体积分数分布(Z=0 切面,60 s 时刻)

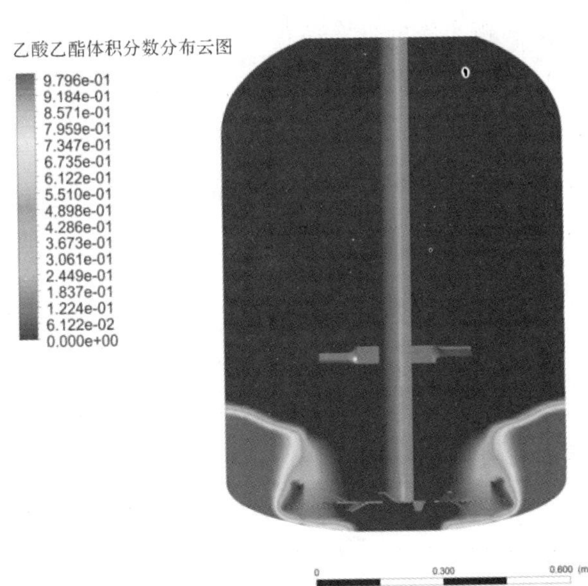

图 3 - 54　欧拉法混合液体积分数分布(Z=0 切面,60 s 时刻)

3.6 宏观成球过程分析

3.6.1 群体平衡模型

粒度是球形药的最主要的指标。通常所说的粒度常指一定的粒度分布范围或指该范围内的平均粒度。对于不同的应用，对球形药粒度的要求不同。对于一定的成球系统来说，影响球形药粒度的因素有搅拌转速、溶剂倍数和水倍数等。

群体平衡模型(Population Balance Equation, PBE)是描述多相流体系中分散相大小与分布随时空变化的通用方程。搅拌器内多为多相流体系，考虑到颗粒聚并、破碎等微观机制对颗粒大小、分布、粒度密度等宏观参量的影响，采用PBE对搅拌器内多相流体系进行数值模拟，可以较准确地预测搅拌槽内流场和颗粒的大小与分布。

群体平衡模型能够描述离散相实体的分布特征以及引起分布变化的离散相微观行为，对双流体模型的湍流应力、相间作用力和相间传质封闭至关重要，这使得该方程成为研究离散相体系中介观结构对宏观结构影响的重要工具。数值求解成为研究该方程的主要手段，该方程求解算法可分为直接离散方法、Monte Carlo方法和矩方法3种。

絮凝过程的动力学模型均基于Smoluchowski基本模型，对Smoluchowski模型假设进行修正，可以更好地解释实际发生的絮凝现象。基于群体平衡模型(Population Balance Model, PBM)框架，构建描述絮体聚并和破碎后颗粒数量及质量守恒的絮凝动力学模型。

絮凝动力学模型的基础是群体平衡模型，核心是描述絮体聚并、破碎的数学模型，目的是模拟絮凝过程的絮体粒径分布。

将絮体粒径视作连续性分布，考虑絮体聚合与破裂，不考虑絮体生长，体

积为 $\dot{V}$ 的絮体颗粒数量浓度符合方程：

$$\frac{\mathrm{d}n(V,t)}{\mathrm{d}t}=\frac{1}{2}\int_0^V \alpha\beta(V-u,u)n(V-u,t)n(u,t)\,\mathrm{d}u-n(V,t)\int_0^\infty \alpha\beta(V,u)n(u,t)\,\mathrm{d}u+\int_\nu^\infty b(V\mid\omega)S(\omega)n(\omega,t)\,\mathrm{d}\omega-S(V)n(V,t) \quad (3-23)$$

离散区间法的基本思想是将颗粒大小分为若干子区间，在每个子区间内对 PBM 进行积分得到一系列离散的方程。离散方程的积分相含有未知的颗粒数量密度函数，无法直接求解。离散区间法的关键问题是将积分项用子区间内颗粒数量浓度 N 表示，则有

$$\frac{\mathrm{d}N_i}{\mathrm{d}t}=\int_{V_i}^{V_{i+1}}\mathrm{d}V\left[\frac{1}{2}\sum_{j=0}^{i-1}\int_{V_j}^{V_{j+1}}\alpha\beta(V-u,u)n(V-u,t)n(u,t)\,\mathrm{d}u-n(V,t)\sum_{j=0}^{M}\int_{V_j}^{V_{j+1}}\alpha\beta(V,u)n(u,t)\mathrm{d}u+\sum_{j=1}^{M}\int_{\nu_j}^{\nu_{j+1}}b(V\mid\omega)S(\omega)n(\omega,t)\,\mathrm{d}\omega-S(V)n(V,t)\right] \quad (3-24)$$

3.6.2 计算方法

宏观成球过程分析采用多相流的 Eulerian 和群体平衡模型(PBM)。通过 TUI 命令激活 PBM 模型，如图 3－55 所示。PBM 模型中选择 Discrete 模型。

```
Fluent Addon Modules:
        0. None
        1. MHD Model
        2. Fiber Model
        3. Fuel Cell and Electrolysis Model
        4. SOFC Model with Unresolved Electrolyte
        5. Population Balance Model
        6. Adjoint Solver
        7. Single-Potential Battery Model
        8. Dual-Potential MSMD Battery Model
        9. PEM Fuel Cell Model
        10. Macroscopic Particle Model
```

图 3－55 FLUENT 插件模块

3.6.3 参数及边界条件

PBM 模型中参数设置如图 3-56 所示。

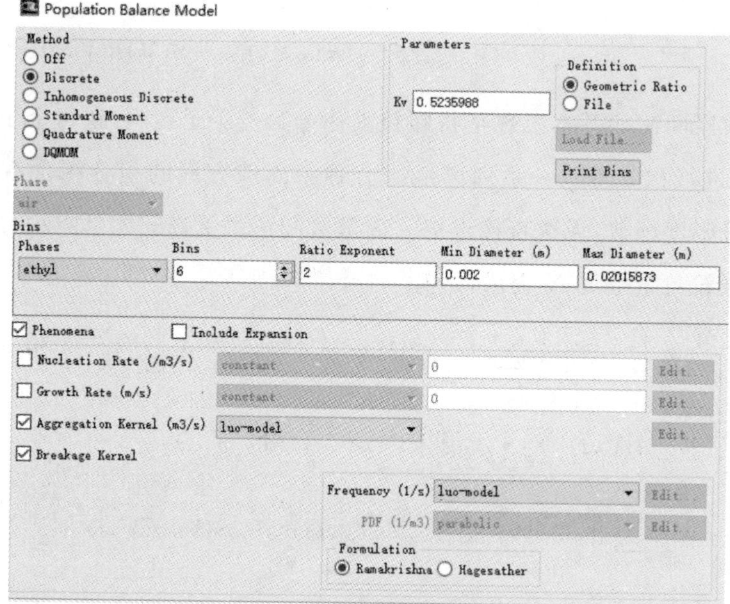

图 3-56 群体平衡模型

初始时刻检测点分布情况见表 3-8。

表 3-8 初始时刻混合液液滴监测点分布/(%)

监测点 0	监测点 1	监测点 2	监测点 3	监测点 4	监测点 5
16	16	16	20	16	16

3.6.4 结果分析

图 3-57 所示为监测点 0 体积分数随时间变化。图3-58为监测点 2 体积分数随时间变化。图 3-59 是在搅拌作用下,球釜内液滴直径分布直方

图。粒径分布具体指见表 3－9。

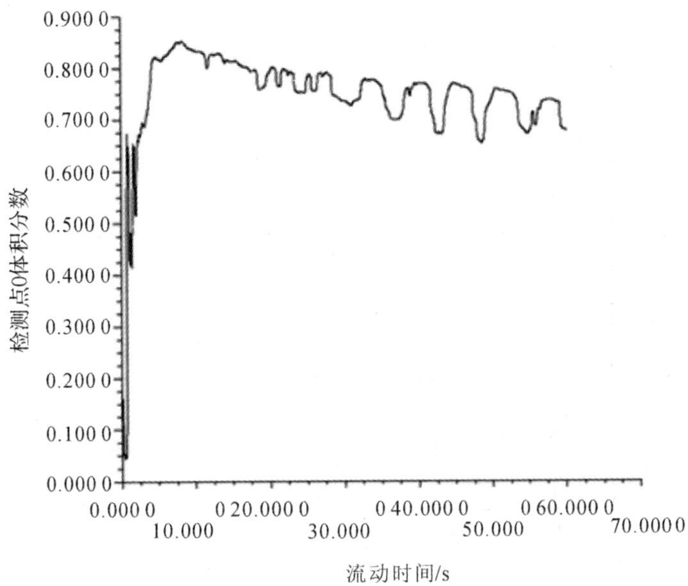

图 3－57 监测点 0 体积分数随时间变化

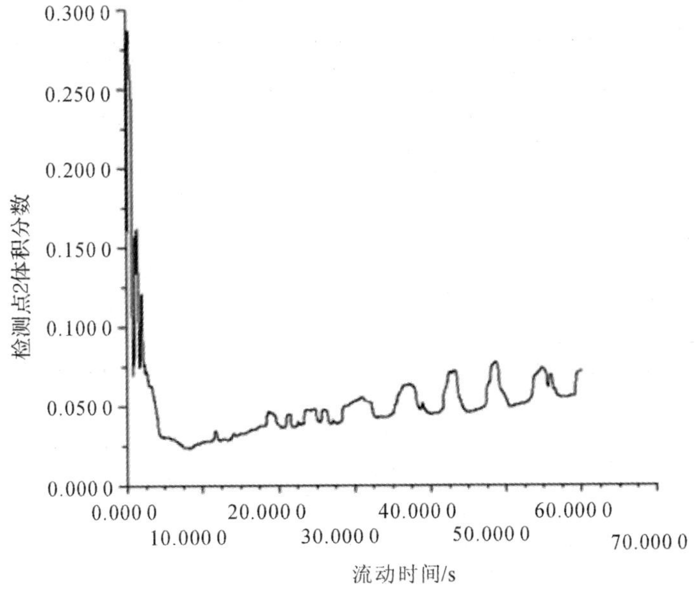

图 3－58 监测点 0 体积分数随时间变化

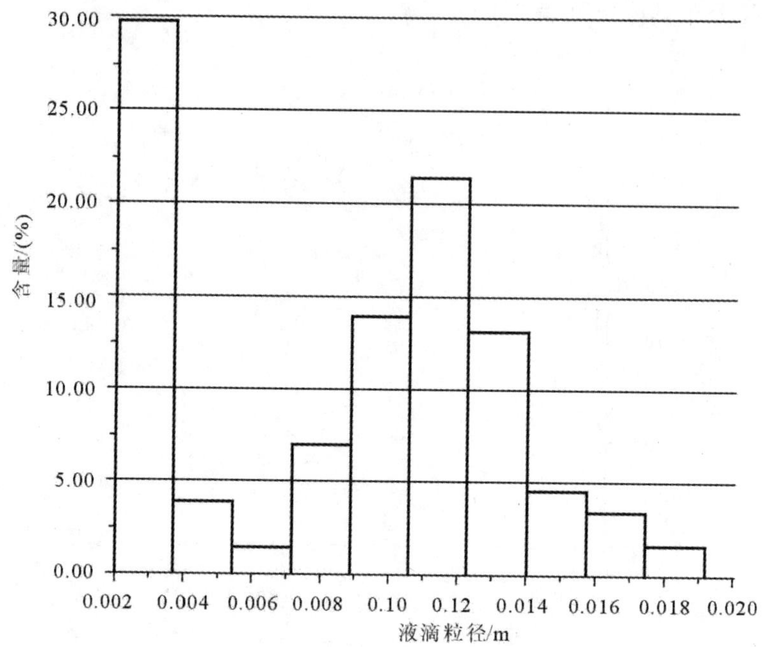

图 3-59　液滴粒径分布直方图(60 s)

表 3-9　液滴粒径分布

粒径/m	含量/(%)
0.002 000 000 1～0.003 715 762 3	29.708 298
0.003 715 762 3～0.005 431 524 5	3.827 608 6
0.005 431 524 5～0.007 147 286 7	1.408 801 4
0.007 147 286 7～0.008 863 048 9	7.040 422 9
0.008 863 048 9～0.010 578 811	13.902 105
0.010 578 811～0.012 294 573	21.399 992
0.012 294 573～0.014 010 335	13.081 781
0.014 010 335～0.015 726 098	4.660 476 6
0.015 726 098～0.017 441 86	3.373 917 2
0.017 441 86～0.019 157 622	1.596 597 6

3.7 乙酸乙酯挥发过程分析

3.7.1 蒸发冷凝模型

乙酸乙酯的蒸发过程可以通过蒸发-冷凝模型(Evaporation - Condensation)来模拟。通过 Mixture 模型模拟,整个温度场分为气相、液态相以及气液混合相。

通过 UDF 定义相变条件,液相单元温度若达到饱和温度时,液相向气相进行质量迁移。定义混合模型的源相,当混合区单元达到饱和温度时,液态相气相转换,并吸收热量。

蒸汽输运方程为

$$\frac{\partial}{\partial t}(\alpha_{v}\rho_{v})+\nabla\cdot(\alpha_{v}\rho_{v}\vec{V}_{v})=\dot{m}_{lv}-\dot{m}_{vl} \tag{3-25}$$

如果 $T_l > T_{sat}$,即环境温度大于饱和温度,液体进行受热蒸发或沸腾,液相向气相转变,则有

$$\dot{m}_{lv}=coeff\times\alpha_{l}\rho_{l}\frac{(T_{l}-T_{sat})}{T_{sat}} \tag{3-26}$$

如果 $T_v < T_{sat}$,即环境温度小于饱和温度,此时蒸汽进行低温冷凝,气相向液相转变,则有

$$\dot{m}_{vl}=\text{coeff}\times\alpha_{v}\rho_{v}\frac{(T_{sat}-T_{v})}{T_{sat}} \tag{3-27}$$

3.7.2 Lee模型

LEE 模型理论公式:

$$\frac{\partial(\rho_{v}\alpha)}{\partial t}+\nabla(\rho_{v}v_{v}\alpha)=\dot{m}_{l\to v}-\dot{m}_{v\to l}$$

$$T_{v}>T_{sat},\dot{m}_{l\to v}=\lambda_{c}\alpha_{l}\rho_{l}\frac{(T_{l}-T_{sat})}{T_{sat}}$$

$$T_{v}>T_{sat},\dot{m}_{v\to l}=\lambda_{c}\alpha_{l}\rho_{v}\frac{(T_{v}-T_{sat})}{T_{sat}}$$

$$\lambda_{c}=\frac{6}{d}\beta\sqrt{\frac{M}{2\pi RT_{sat}}}L\left(\frac{\rho_{l}}{\rho_{l}-\rho_{g}}\right)$$

式中，λ_c 是蒸发和冷凝的可调系数，预设 $\lambda_c=0.1$；β 为自调节系数；L 为潜热。

3.7.3 边界条件

蒸发冷凝模型用户自定义程序如图 3-60 所示。

```
#include "udf.h"           /*包括常规宏*/
#include "sg_mphase.h"     /*包括体积分数宏*/
#define T_SAT 325          /*定义饱和温度*/
#define LAT_HT 5439.79      /*定义潜热*/

DEFINE_SOURCE(liq_src, cell, pri_th, dS, eqn)  /*定义液相源项*/
{
  Thread *mix_th, *sec_th;   /*混合相、第二相 定义计算区域指针*/
  real m_dot_l;              /*蒸发冷凝速率  定义液相质量转移*/
  mix_th = THREAD_SUPER_THREAD(pri_th);   /*指向混合区的主相即液相的指针*/
  sec_th = THREAD_SUB_THREAD(mix_th, 1); /* 指向单相控制区的气相的指针*/
  if(C_T(cell, mix_th)>=T_SAT){
    m_dot_l = -0.1*C_VOF(cell, pri_th)*C_R(cell, pri_th)*fabs(C_T(cell, pri_th) - T_SAT)/T_SAT;  /*如果液相单元的温度
   dS[eqn] = -0.1*C_R(cell, pri_th)*fabs(C_T(cell, pri_th) - T_SAT)/T_SAT; /*定义源项对质量转移偏导*/
                          }
  else {
    m_dot_l = 0.1*C_VOF(cell, sec_th)*C_R(cell, sec_th)*fabs(T_SAT-C_T(cell,mix_th))/T_SAT;
    dS[eqn] = 0.; /*于是气相向液相转移，所以液相的质量源项对质量转移的偏导为零*/
      }

  return m_dot_l;
}
```

图 3-60　蒸发冷凝模型用户自定义程序

通过 UDF 定义蒸发冷凝模型，饱和温度值定义为 325K，潜热值定义为 5439.795。乙酯乙酯挥发过程分析球釜模型如图 3-61 所示，球釜上侧加了一个导管，导管出口边界条件为压力出口。

图 3-61　乙酸乙酯挥发过程分析球釜模型

3.7.4　结果分析

对乙酸乙酯挥发过程进行分析，首先进行液液搅拌分析。搅拌稳定后通过 UDF 加载蒸发冷凝模型，乙酯乙酯挥发量随时间变化如图 3-62 所示。

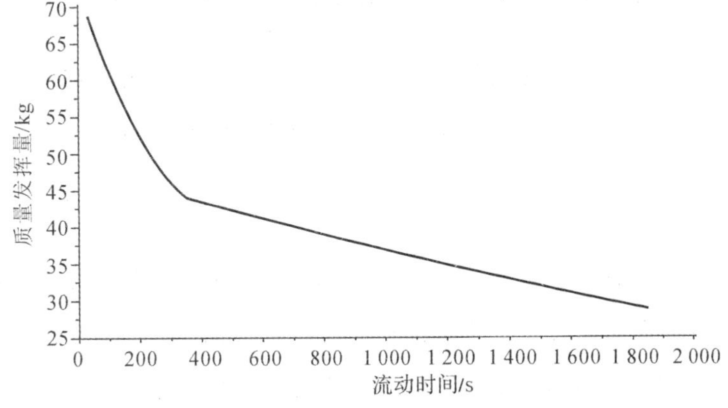

图 3-62　乙酸乙酯挥发量随时间变化

3.8 微观成球过程分析

3.8.1 微观成球过程原理

硝化棉与乙酸乙酯形成的溶胶经搅拌均匀后即可进行乳化分散过程，此过程是在溶解的基础上由搅拌提供的剪切力完成的，成球和分散过程实际上是无法严格区分的。主要是药粒定型前体系一直处于动态平衡状态，当硝化棉溶解后，溶胶在较大的剪切力作用下被剪切成较小的液滴，大小形状不太规则，液滴大小也不均匀，只有将被保护胶加入体系中后，液滴大小和形状才会趋于均匀，这主要是因为保护胶均匀地附着在硝化棉溶胶液滴的面，降低了液滴之间相互凝聚的概率，如图 3－63 所示。

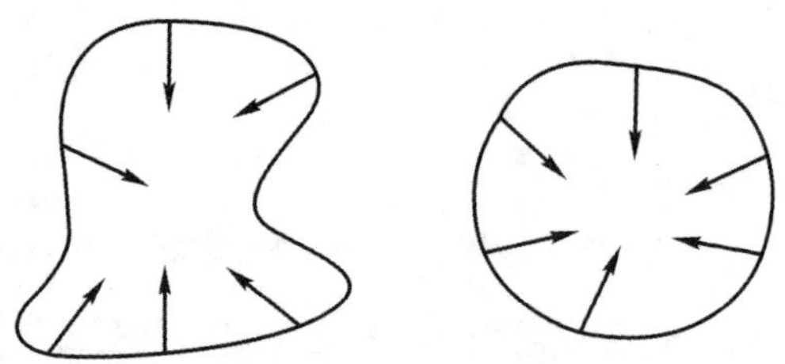

图 3－63　成球过程中溶胶液滴表面附加压力作用示意图

成球是由被分散后的硝化棉溶胶颗粒的表面张力作用所致，硝化棉的小液滴就是球形药的雏形。表面张力原理得到的弯曲液面附加压力公式为

$$\Delta p = \frac{2\gamma}{R} \tag{3-28}$$

只有当液滴表面各处所受的表面张力相同时，液滴为平衡状态，此时液滴才呈球形。若成型后的样品颗粒不规则，那么成型前液滴表面所受的力不平衡。另外，根据热力学第二定律，当液滴处于平衡状态时，其自由能储量处于最低状态，体系会向着减小表面积及表面自由能的方向变化，而对于同样

体积的物体来说，球形的表面积最小，表面自由能的值也越小，故单个硝化棉在分散过程中会自动转变为球形。但对整个体系而言，溶胶被分散成许多小颗粒时，总的表面积比原来的表面积大大增加，表面自由能也随之增加，整个体系是一个热力学不稳定体系，它会向着总的表面积及表面自由能减小的方向变化，即被外力分散的小颗粒会发生凝聚现象，这就使得成球过程受到破坏。因此要向体系中加入保护胶成分，在液滴表面形成保护膜，一方面使颗粒的表面张力减小，降低体系总表面自由能，使体系处于热力学稳定状态，另一方面可避免液滴在相互碰撞时发生黏结和团聚现象。

液滴的破碎属于两相流问题，求解的关键在于两相交界面的捕捉，交界面的数值分为拉格朗日跟踪和欧拉界面跟踪捕捉两类方法。拉格朗日界面跟踪法是将界面位置用相关参数的闭合曲线来表示，再用一系列标记点来标记代表界面的闭合曲线，而对交界面位置变化的跟踪是通过跟踪这些标记点的运动来实现的。欧拉界面跟踪捕捉方法是将交界面包含在一系列特征函数中，通过这些函数的输运来表征界面的运动，再从这些函数中获得交界面的位置及运动，代表的有流体体积法(Volume of Fluid, VOF)，则有。

$$\frac{\partial}{\partial t}(\rho)+\nabla\cdot(\rho\vec{U})=0 \tag{3-29}$$

$$\frac{\partial}{\partial t}(\rho\vec{U})+\nabla\cdot(\rho\vec{U}\vec{U})-\nabla\cdot\mu_{eff}\nabla\vec{U}-\rho g=-\nabla p-F_s \tag{3-30}$$

$$\mu_{eff}=\mu+\mu_t \tag{3-31}$$

用N-S方程求解流场，假设两相均为黏性不可压的，两相互不相容，只存在动量的传递，动量方程如下所示，$F(x,y,z,t)$为体积分数，是用VOF方法定义的流体体积标量函数。

3.8.2 几何及网格模型

建立二维几何模型如图3-64所示，X方向50 mm，Y方向100 mm。建立网格模型，网格尺度0.05 mm，网格总数200万个。网络模型如图3-65所示。

图 3-64　二维几何模型

图 3-65　网格模型

3.8.3 计算方法

微观成球过程分析采用多相流的 VOF 模型。主相是水，第二相是混合液。图 3 - 66 所示为多相流模型中 VOF 模型设置。

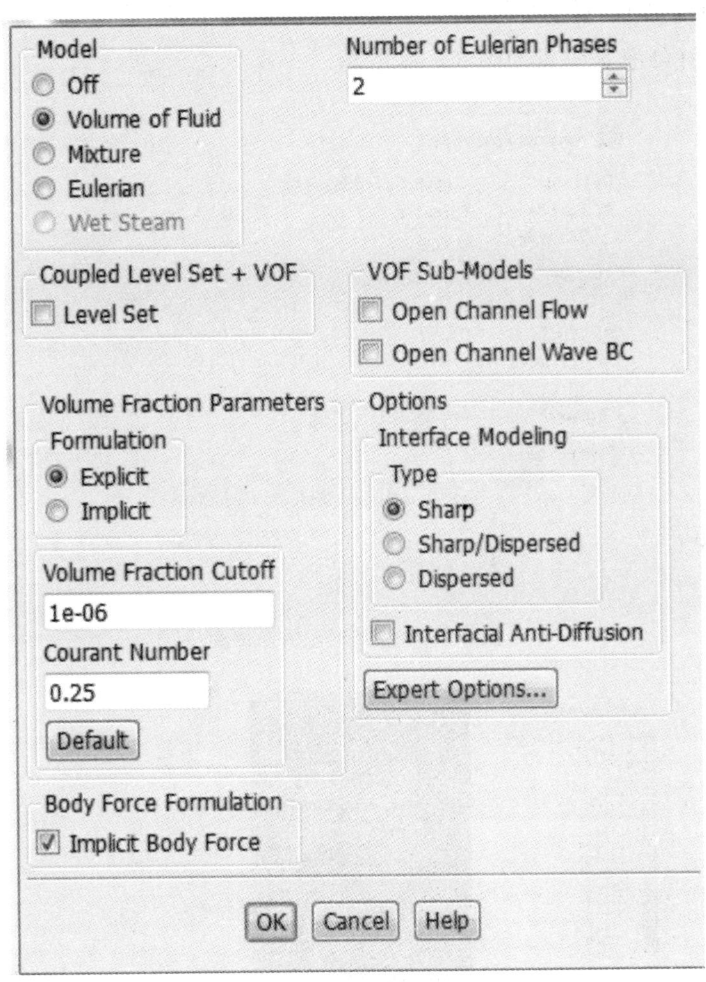

图 3 - 66 VOF 模型设置

3.8.4 边界条件

液滴的乙酸乙酯和硝化棉的混合液，溶液是水。相关参数见本章3.5.2。时间步长为 0.000 1 s。

初始时刻液滴位置如图 3-67 所示，液滴位于 X=0.025 m，Y=0.002 m。初始时刻液滴位置如图 3-68 所示。

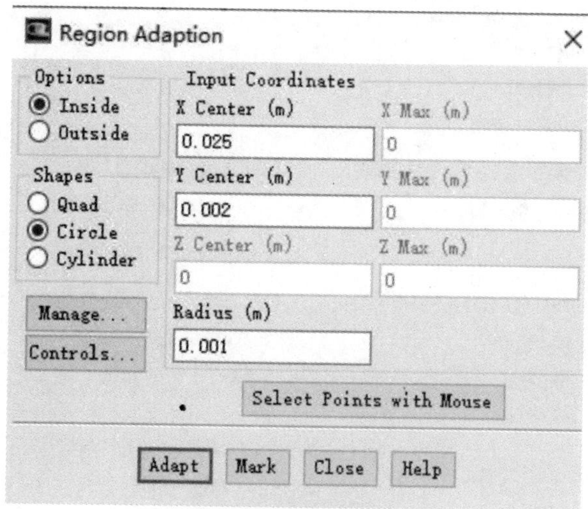

图 3-67　初始时刻液滴位置

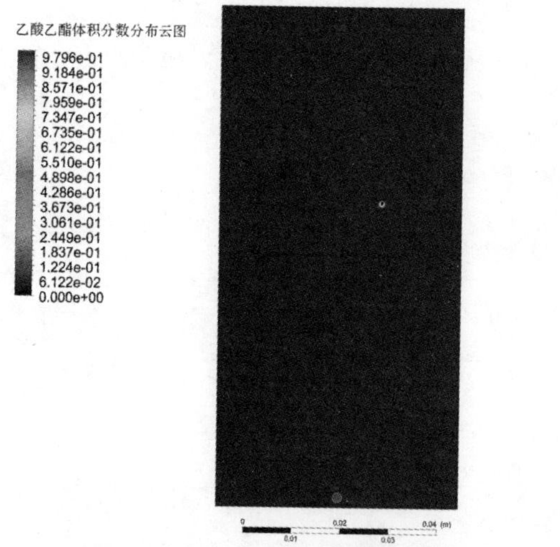

图 3-68　初始时刻液滴位置

3.8.5 结果分析

3.8.5.1 监测点体积分数变化

初始时刻 $X=0.025$ m，$Y=0.002$ m 液滴直径分别为 $d_1=0.001$ m，$d_2=0.000\ 5$ m，$d_3=0.000\ 1$ m。监测点为监测点 4(见图 3-10 和表 3-1)，由 3.5 节乙酸乙酯再和硝化棉混合液再和水液液混合计算的结果。监测点 4 处速度为 $v=4.4$ m/s，距离转轴中心 $R=0.174$ m，计算得到离心加速度为 111.26 m/s^2。

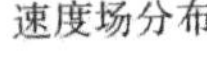

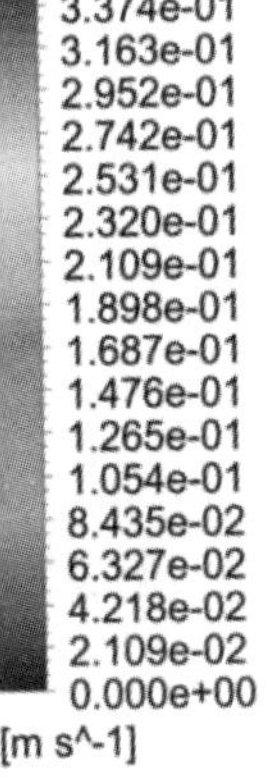

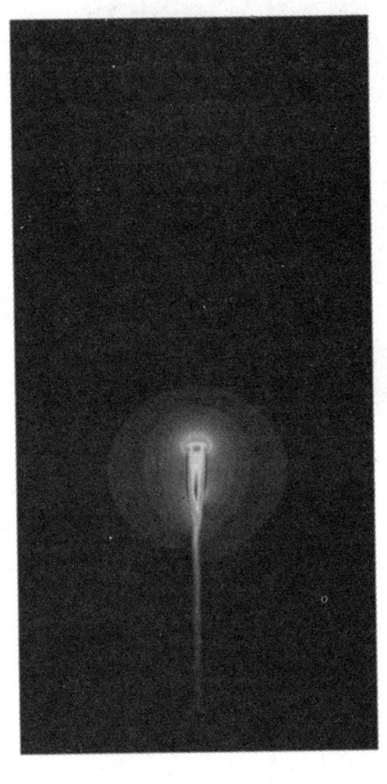

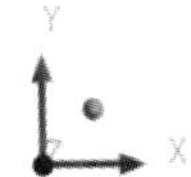

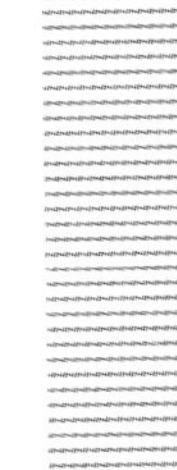

图 3-69 速度场分布(0.2 s，d_1)

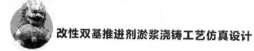

如图 3-69 所示，液滴为初始位置位于监测点 4，直径为 d_1 时 0.2 s 时刻速度场分布，最大速度 0.337 4 m/s。图 3-70 和图 3-71 所示为液滴为 d_1 时 0.2 s 时刻体积分数分布，可以看到液滴有变形。

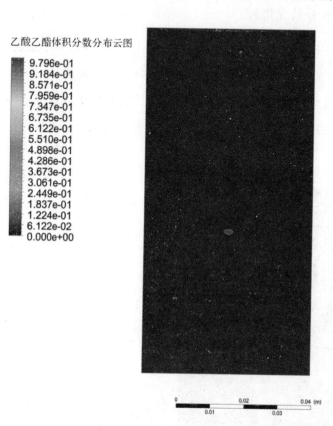

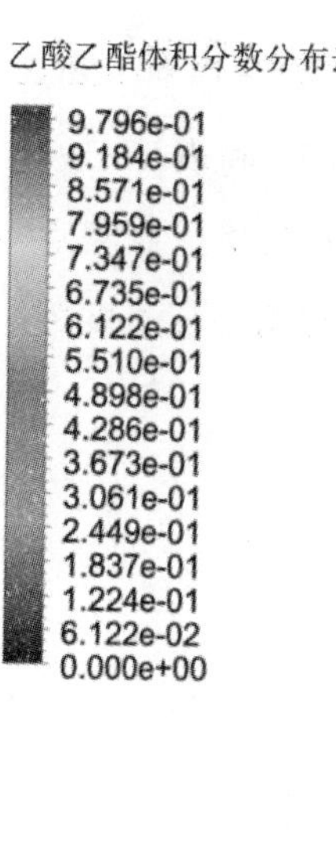

图 3-70　体积分数分布(0.2 s, d_1)

如图 3-72 所示，液滴为初始位置位于监测点 4，直径为 d_2 时0.2 s时刻速度场分布，最大速度 0.281 5 m/s。图 3-73 和图 3-74 是液滴为 d_2 时 0.2 s 时刻体积分数分布，可以看到液滴有微小变形。

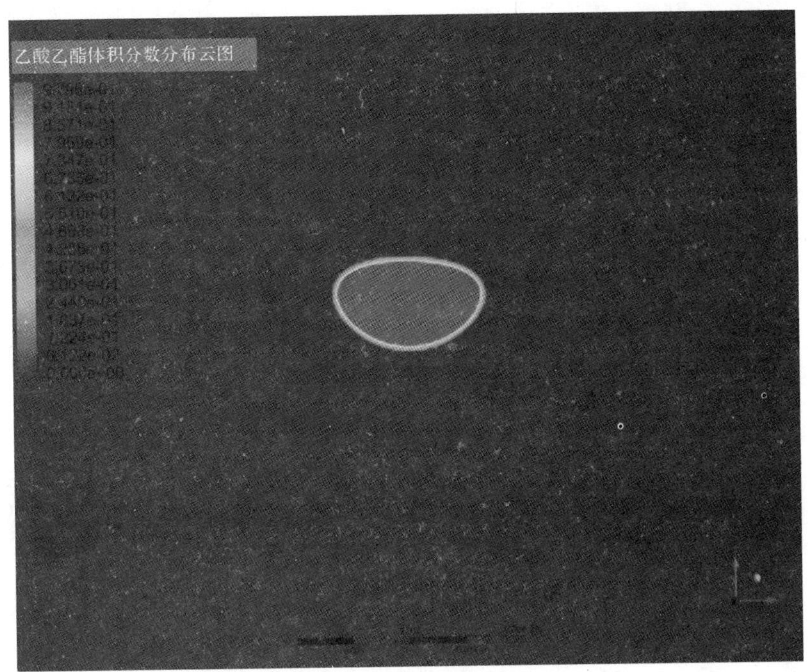

图 3-71　体积分数分布放大图(0.2 s, d_1)

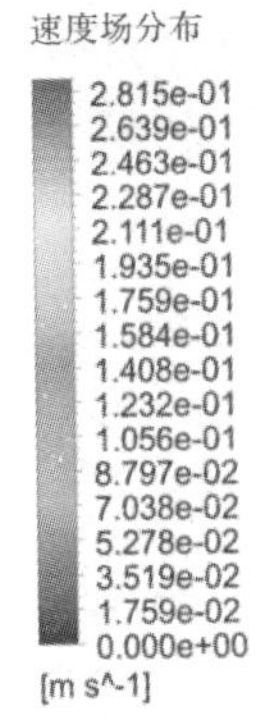

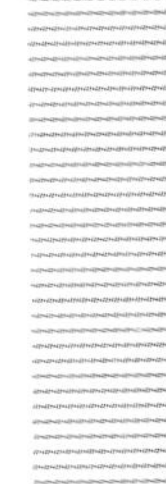

图 3-72　速度场分布(0.2 s, d_2)

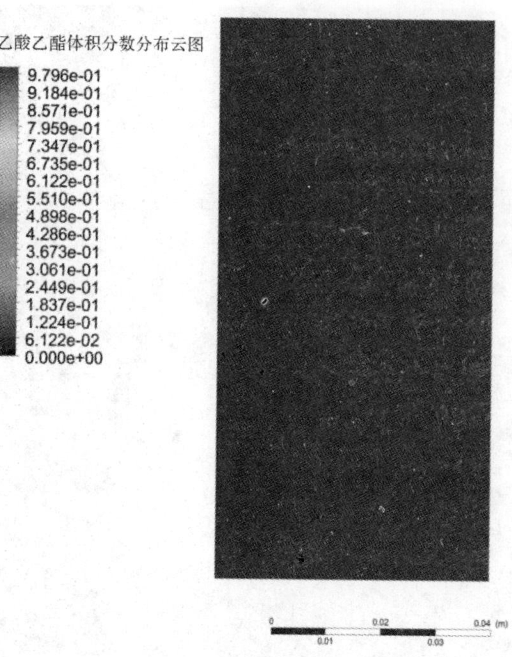

图 3-73　体积分数分布(0.2 s,d_2)

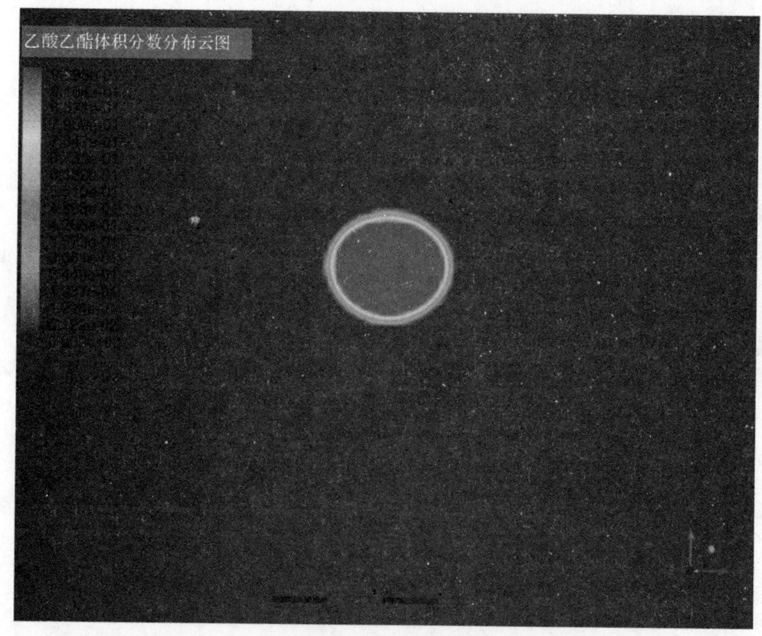

图 3-74　体积分数分布放大图(0.2 s,d_2)

如图 3－75 所示，液滴为初始位置位于监测点 4，直径液滴为 d3 时 0.2 s 时刻速度场分布，最大速度 0.033 m/s。图 3－76 和图 3－77 是液滴为 d_3 时 0.2 s 时刻体积分数分布，可以看到液滴外形基本没有变化。

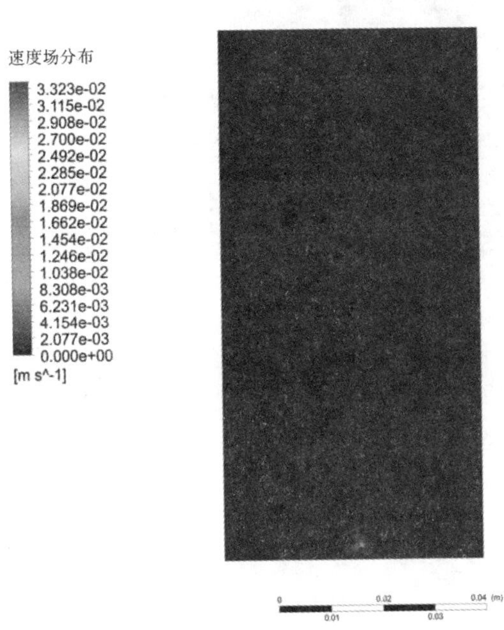

图 3－75　速度场分布(0.2 s, d_3)

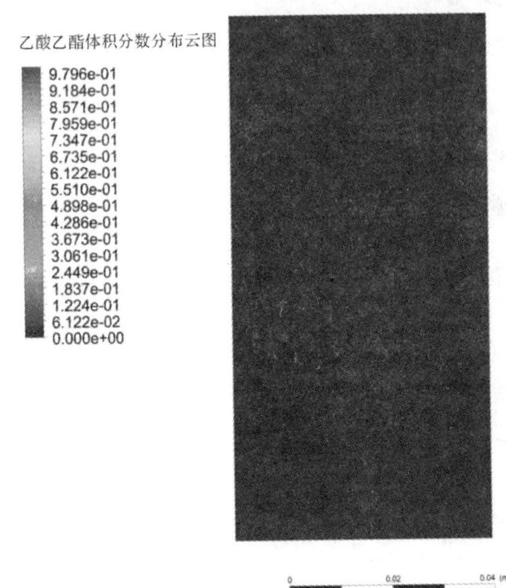

图 3－76　体积分数分布(0.2 s, d_3)

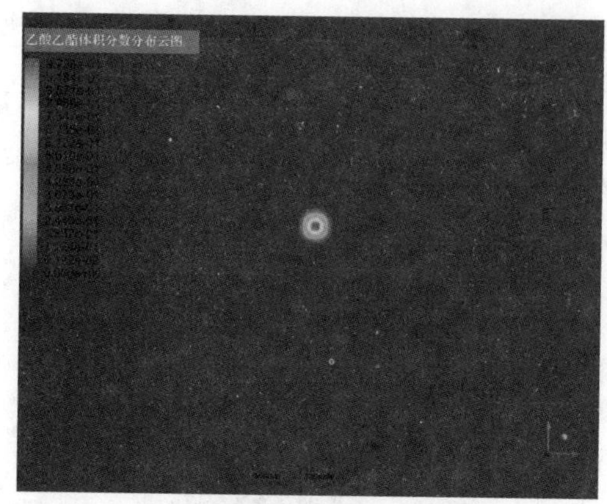

图 3－77　体积分数分布放大图(0.2 s,d_3)

3.8.5.2　不同球釜位置微观成球分析

监测点 4(见图 3－10 和表 3－1),监测点 2 处速度为 v=2.26 m/s,距离转轴中心 R=0.22 m,计算得到离心加速度为 23.2 m/s^2。

如图 3－78 所示,液滴为初始位置位于监测点 2,直径液滴为 d_1 时 0.2 s 时刻速度场分布,最大速度 0.175 m/s。图 3－79 和图 3－80 是液滴为 d_1 时 0.2 s 时刻体积分数分布,液滴外形有微小变化。

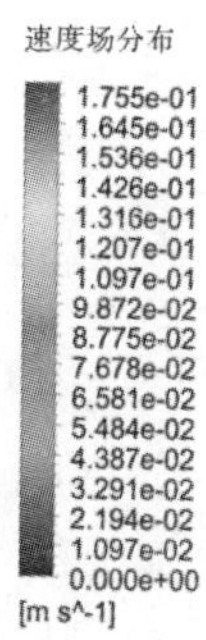

图 3－78　速度场分布(0.2 s,d_1)

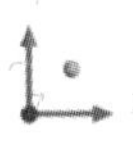

图 3-79　体积分数分布(0.2 s,d_1)

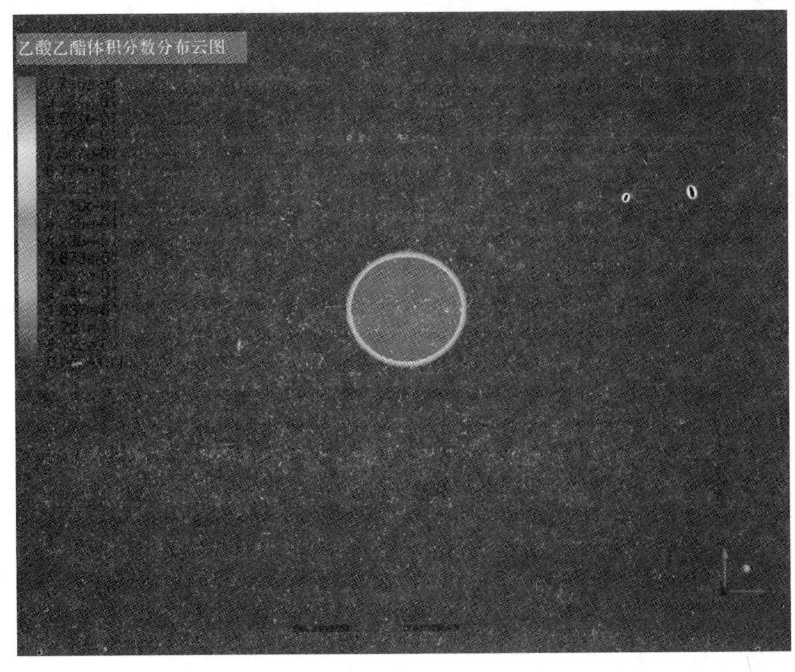

图 3-80　体积分数分布放大图(0.2 s,d_1)

3.9 结　论

(1)乙酸乙酯和硝化棉液固混合分析,在50s以内硝化棉的体积分数分布变化剧烈,然后变化逐渐趋于平缓。速度最大值为17.49 m/s。乙酸乙酯的混合均匀度H1=(最大值-最小值)/平均值计算。H1(330 s)=0.022 4;H1(300 s)=0.022 9。硝化棉的混合均匀度H2=(最大值-最小值)/平均值计算。H2(330s)=2.9;H2(300 s)=3.03。

(2)混合液和水的液液混合过程,在50 s以内硝化棉的体积分数分布变化剧烈,然后变化逐渐趋于平缓。混合液混合均匀度H3=(最大值-最小值)/平均值计算。H3(300s)=0.956 516;H3(290s)=0.960 478。H4=(最大值-最小值)/平均值计算。H4(300s)=0.192 688;H4(290s)=0.193 982。

(3)通过VOF方法对不同液滴及不同位置微观成球过程进行分析,液滴形貌的变化和流场速度及液滴大小成正比,和液滴位置离中心轴的距离成反比。

(4)通过群体平衡模型对宏观成球过程进行分析。成球的直径范围在0.002~0.02 m。在60 s时刻,0.002 000 000 1~ 0.003 715 762 3 m占比最多,约占29.708 298%,成球率和溶剂量及搅拌速度成正比。

(5)通过蒸发冷凝模型对乙酯乙酯挥发过程进行分析,挥发速率为57.9%。

第4章 捏合工序仿真

在捏合机和推进剂配方确定的前提下，捏合工序是保证推进剂组分均匀分散的重要环节。混合药严格依照推进剂配方和规定的工艺条件，采用适当的捏合机将各组分充分捏合、搅拌，使固-液界面润湿包覆良好、组分分散均匀一致，成为具有良好工艺性的药浆。本章介绍在捏合工序的仿真过程中，对捏合工序的设置、捏合机模型和网络的确定以及捏合过程的具体分析。

4.1 推进剂捏合工序

在捏合机和推进剂配方确定的前提下，捏合工序是保证推进剂组分均匀分散的重要环节。混合药严格依照推进剂配方和规定的工艺条件，采用适当的捏合机将各组分充分捏合、搅拌，使固-液界面润湿包覆良好、组分分散均匀一致，成为具有良好工艺性的药浆。

捏合工序的质量是靠捏合工序条件——捏合温度、速度、时间和真空度等参数的控制，加上捏合工序流程保障的。

捏合工序完成后应达到的目标是：推进剂组分分散均匀，药浆的黏度较低、流平性好，具有可浇铸性。

影响药浆黏度的因素主要有以下 3 种：

(1)液体组分的性质。液体组分包括黏合剂预聚物、增塑剂、固化剂和其他液体添加剂，性质包括黏度、反应活化性及反应速率等。

(2)固体填料的性质。固体填料包括氧化剂、铝粉、含能添加剂和其他固体添加剂等。性质包含固体填料的加入量和固含量、最大填充体积分数。

(3)固-液界面作用。由黏合剂系统性质、固体表面性质及表面活性物质的性质决定。

4.1.1 捏合温度

当推进剂配方确定时,推进剂药浆的黏度主要受黏合剂预聚物黏度的影响。温度对黏合剂的黏度有很大影响。一般温度越高,液体物质的黏度越小。温度对黏合剂和药浆的黏度影响都很大。温度越低,药浆黏度越大,捏合越困难,需要功率越大,容易产生危险。反之,温度高则黏度小,捏合容易。但剪切力变小,捏合效果较差。一方面,如果温度过高,药浆摩擦感度会增大,也有危险性。另一方面,在加入固化剂后,温度高时药浆中固化反应加快,黏度增大反应速度也加快,会严重影响药浆的适用期和浇铸工序。

4.1.2 捏合速度

加入燃料的预混料浆后,先短时间运转,使桨叶及锅壁都沾上料浆,以避免加入氧化剂后桨叶与氧化剂直接摩擦而发生危险。在氧化剂加入之初,固体填料与液体组分呈分离状态,捏合时氧化剂颗粒之间会产生摩擦,属于捏合工序中的危险阶段。在此阶段,需要适当增大捏合功率,控制捏合速度,以保证安全和捏合均匀性。

在氧化剂全部被润湿后,料浆由疏松状态变成黏浆,功率逐渐减小,并趋于平稳,所以捏合后期可以适当增大捏合速度,以提高捏合功率。在固化剂加入后,黏合剂逐步产生交联,药浆黏度略有增大,但不是很明显。

4.1.3 捏合时间

捏合时间是指捏合机内各部位推进剂组分达到均匀所需的最短时间。捏合时间一般通过实验来确定。当捏合均匀时,固体颗粒液体组分完全被包覆,推进剂药浆成为良好的悬浮体,黏度减小,并趋于稳定。

固化剂一般是在捏合后期加入，再适当延长捏合时间，但也要防止时间太长，交联反应导致药浆黏度进一步增大。

4.2 捏合机模型及网格

4.2.1 捏合机模型设计

药浆捏合釜有两个或两个以上桨叶，在装有捏合物料的捏合容器中作相对旋转运动，既有自转又有公转。桨叶的设计是至关重要的。桨叶的几何参数主要包括截面形状、螺旋角、桨叶轴结构尺寸、支撑形式和尺寸等。

1. 几何参数及桨叶截面捏合面曲线方程

设实心桨的水平界面曲线的捏合面上一点为$P_1(x_1, y_1)$，则点P_1在以实心桨圆心为原点的坐标系中的方程为

$$\left.\begin{aligned} &x_1 = a \cdot \cos(\theta_1) - (r+e)\cos(\theta_1 + i_{s,k}\theta_1 - \beta) \\ &y_1 = -a \cdot \sin(\theta_1) + (r+e)\sin(\theta_1 + i_{s,k}\theta_1 - \beta) \\ &0 \leqslant \theta_1 \leqslant \frac{\beta}{2}, \theta_1 = \omega_s t \end{aligned}\right\} \tag{4-1}$$

设空心桨叶的水平截面曲线的捏合面上一点为$P_2(x_2, y_2)$，则点P_2在以空心桨圆心为原点的坐标系中的方程为

$$\left.\begin{aligned} &x_2 = a \cdot \cos(\theta_2) - (r+e)\cos(\theta_2 - \theta_2 / i_{s,k} + \beta) \\ &y_2 = -a \cdot \sin(\theta_2) + (r+e)\sin(\theta_2 - \theta_2 / i_{s,k} + \beta) \\ &0 \leqslant \theta_2 \leqslant \beta, \theta_2 = \omega_k t \end{aligned}\right\} \tag{4-2}$$

2. 桨叶的创建

首先创建实心桨叶水平截面曲线。将各个参数的值代入实心桨叶截面曲线捏合面方程，创建一条曲线。再以原点为圆心，创建一个直径为d_b的圆，如图 4-1 所示。

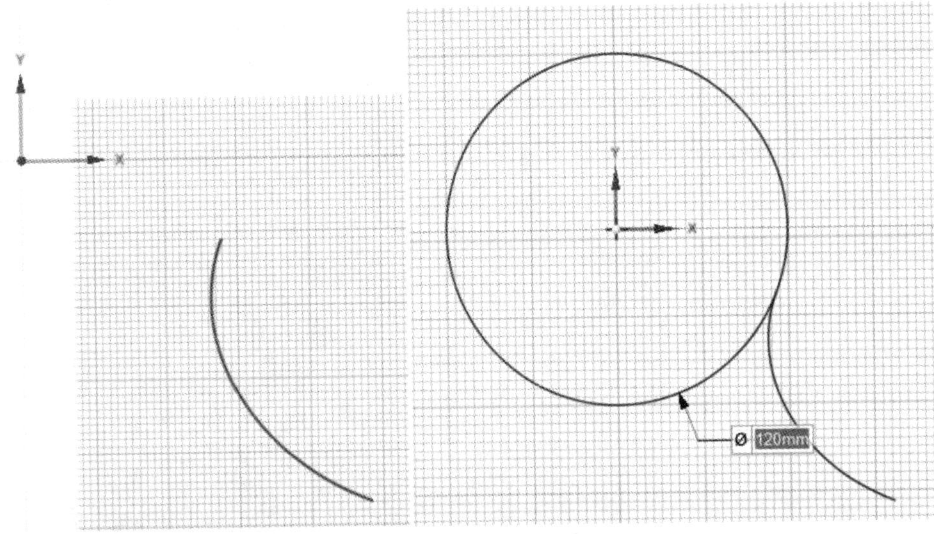

图 4-1　桨叶曲线(一)

通过对由方程画出的曲线的复制、旋转等操作，获得另外的 3 条曲线，并使用倒圆角工具将曲线与基圆进行连接，使用曲线剪切工具去掉多余的线段，如图 4-2 所示。

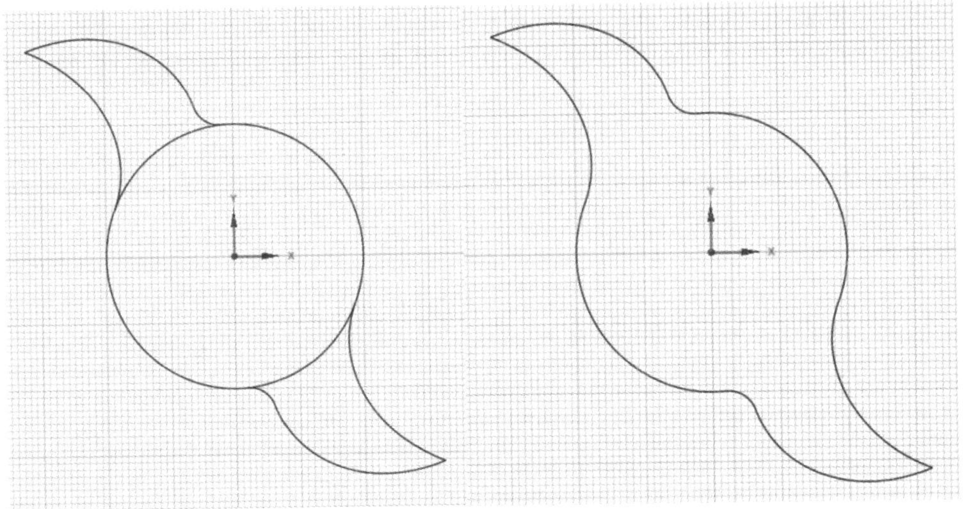

图 4-2　桨叶曲线(二)

选择截面的边线，绕坐标轴 Z 进行拉伸生成曲面，最后使用填充工具生成实体桨叶。使用同样的方法创建空心桨叶部件。与上面实心桨叶部件的创建最大的不同之处是在完成空心桨叶的实体创建后，需要进行一次中间部分的布尔操作，去除掉桨叶的中间部分，如图 4－3 所示。

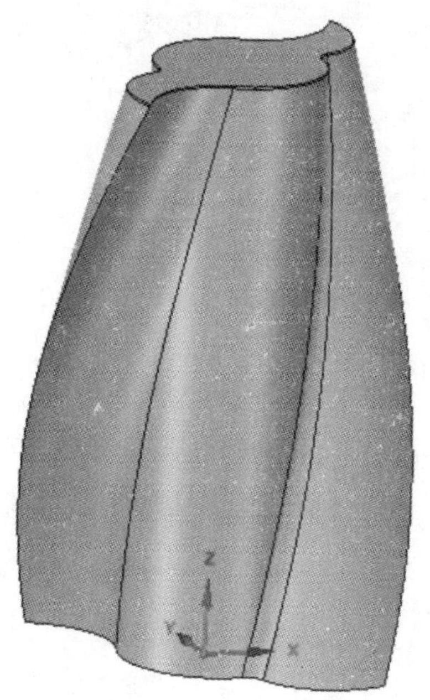

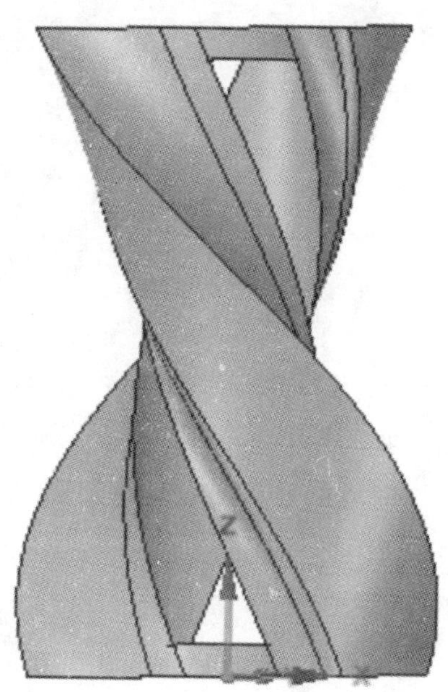

图 4－3　桨叶模型

装配后得到药浆捏合釜内搅拌桨 CAD 模型如图 4－4 所示。

4.2.2　捏合机网格模型

捏合机模型如图 4－5 所示，叶片网格模型如图 4－6 所示。左侧为实心桨，右侧为空心桨。体网格总数量约为 251 万个，如图 4－7 所示。网格模型的切面如图 4－8 所示。监测点位置如图 4－9 所示和见表 4－1。

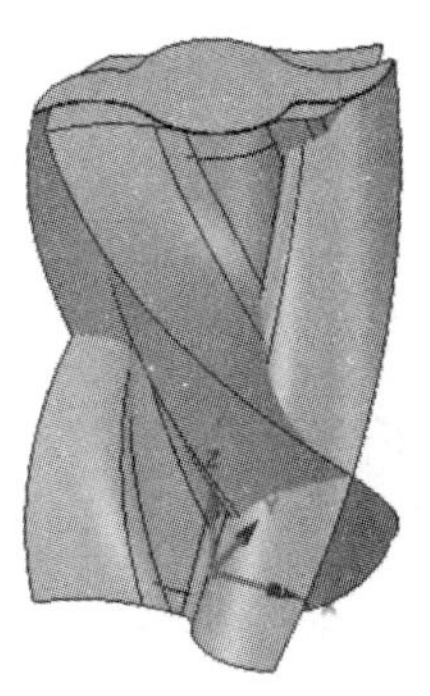

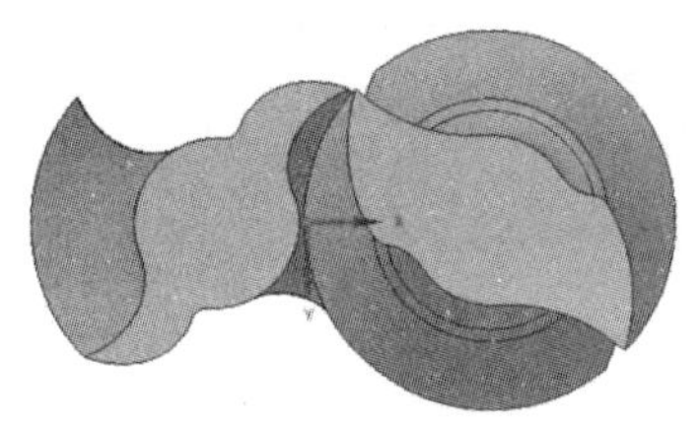

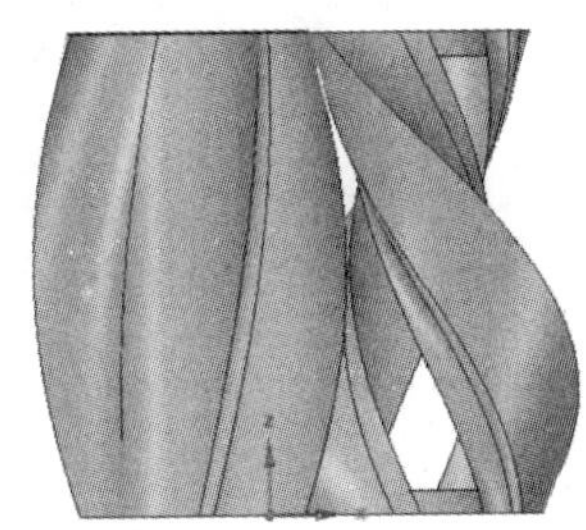

图 4-4 搅拌桨 CAD 模型

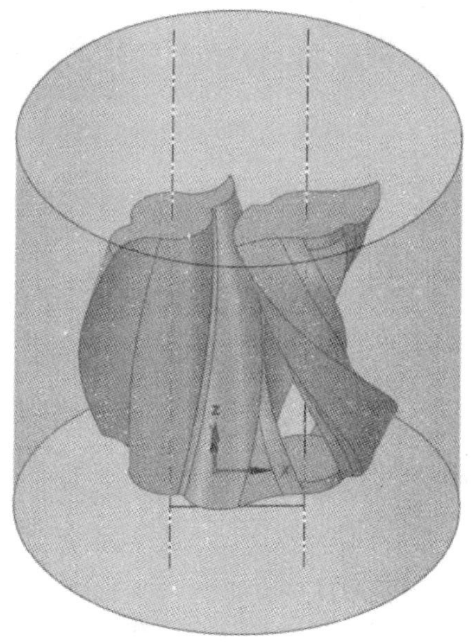

图 4-5 捏合机模型

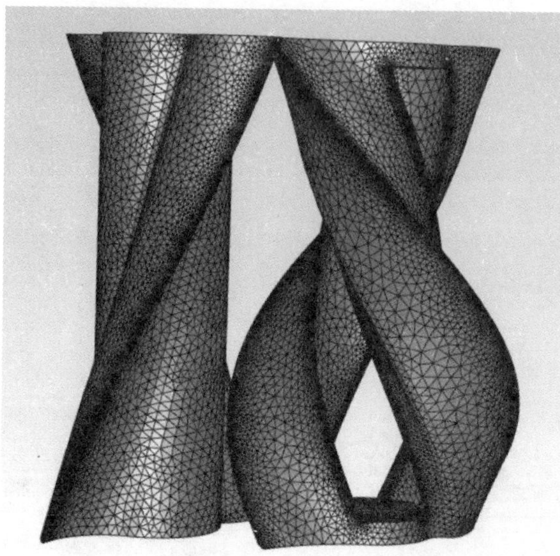

图 4-6　叶片网格模型

```
Mesh Size

Level     Cells     Faces     Nodes    Partitions
    0   2514629   5532011    809549            44

 3 cell zones, 8 face zones.
```

图 4-7　网格数量

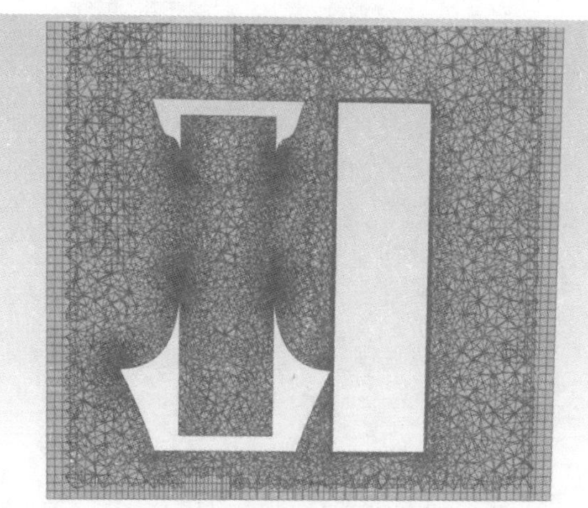

图 4-8　网格(切面)

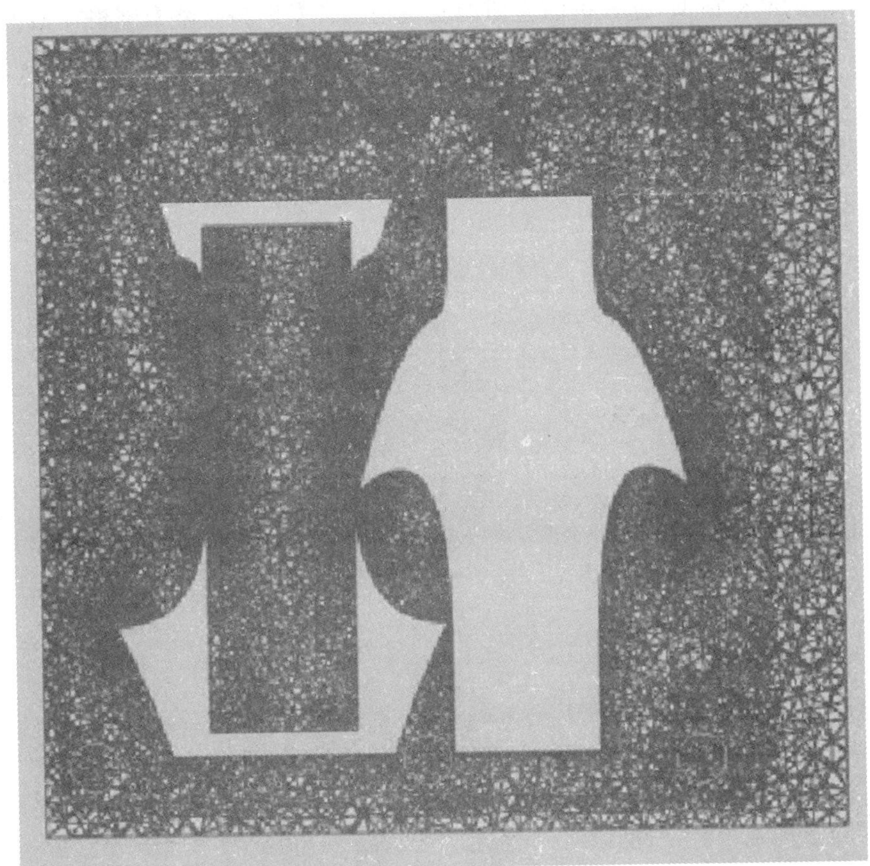

图 4-9 监测点位置

表 4-1 监测点位置

监测点	X	Y	Z
1	0.141 569 6	0	−0.002 667 725
2	0.008 434	0	−0.001 73
3	−0.100 32	0	−0.002 667 7

4.2.3 网格模型的嵌套

捏合机捏合过程模型采用嵌套网格技术，捏合机的实心桨和空心桨分别为不同的网格模型，捏合机的主体网格模型为背景网格。整个网格模型由这3套网格模型装配、嵌套而成。背景网格区域和嵌套区域如图4-10所示，通过这种方式实现实心桨和空心桨的自转以及整体搅拌机构的公转，在搅拌过程中嵌套网格实时地进行挖洞和补洞，以便进行数据的交互，如图4-11和图4-12所示。

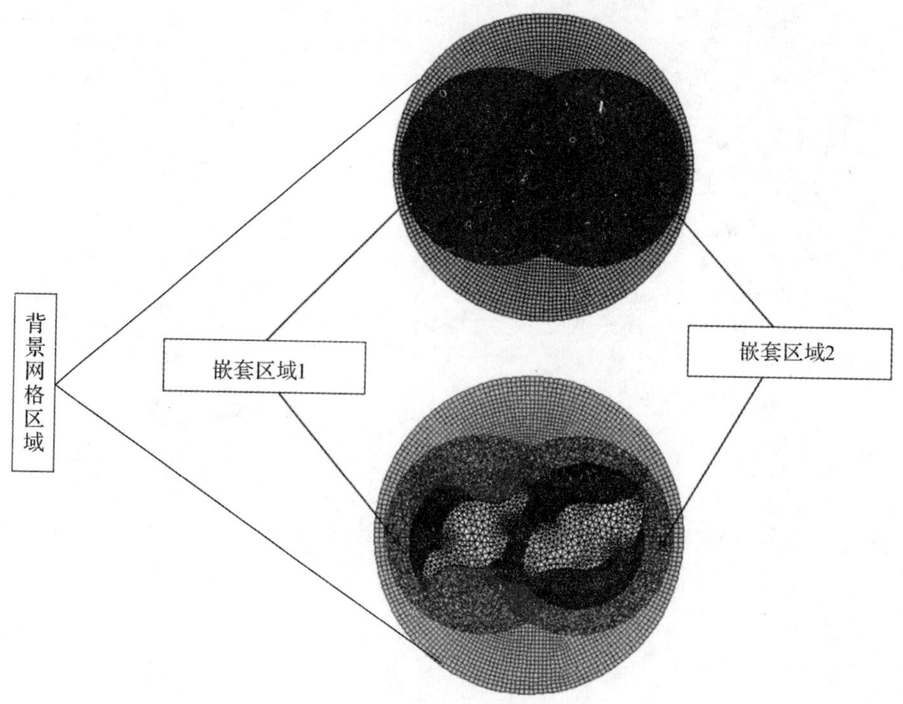

图4-10　网格嵌套

图4-11　网格嵌套的设置

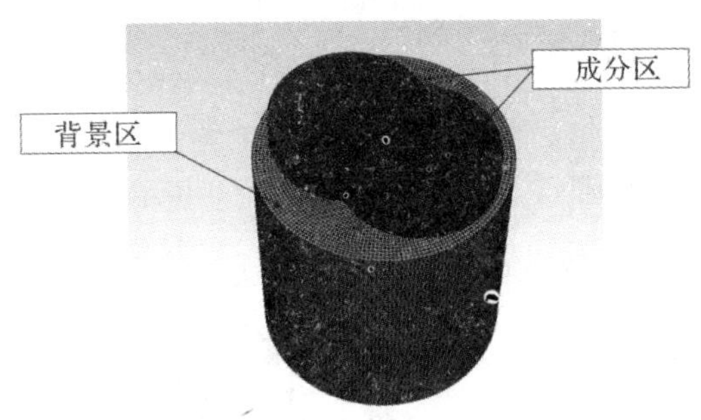

图 4-12 网格嵌套

4.3 捏合过程分析

4.3.1 计算方法

浇铸前捏合过程模拟采用多相流的混合模型如图 4-13 所示，主相是甘油，第二相是硝化棉、RDX、Al_2O_3。

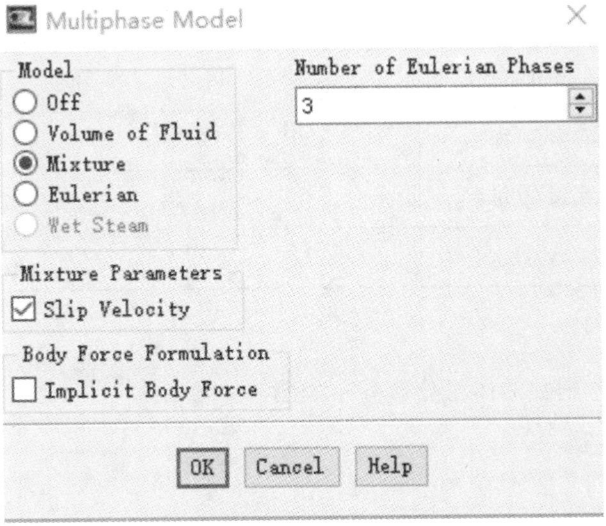

Multiphase Model

Model
Off
Volume of Fluid
Mixture
Eulerian
Wet Steam

Number of Eulerian Phases
3

Mixture Parameters
Slip Velocity

Body Force Formulation
Implicit Body Force

OK Cancel Help

图 4-13 混合模型

4.3.2 参数及边界条件

(1)捏合机实心搅拌桨搅拌速率为 5 r/min,空心搅拌桨搅拌速率为 10 r/min,搅拌桨公转速率为 30 r/min。

(2)时间步长为 0.05 s。

(3)甘油的参数见表 4-2。

表 4-2 甘油参数

质量/kg	7.6
密度/($kg \cdot m^{-3}$)	1659
黏性/CP①	37.8

注:①1 CP=10^{-2}P=1 mPa·s。

(4)固体球参数见表 4-3。

表 4-3 固体球参数

	粒径/μm	质量/kg
硝化棉	50	6
黑索今(细)	20	3
黑索今(粗)	40	3
Al_2O_3	5	0.4

(5)初始时刻甘油体积分数分布如图 4-14 所示。

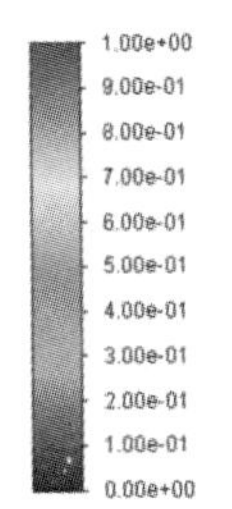

图 4-14　初始时刻甘油体积分数分布(切面)

图 4-15 是初始时刻 RDX(20 μm)体积分数分布，占小球总体积的 23.5%。图 4-16 是初始时刻 RDX(40 μm)体积分数分布，占小球总体积的 23.5%。图 4-17 是初始时刻 Al_2O_3 体积分数分布，占小球总体积的 1.49%。图4-18是初始时刻硝化棉体积分数分布，占小球总体积的 51.5%。

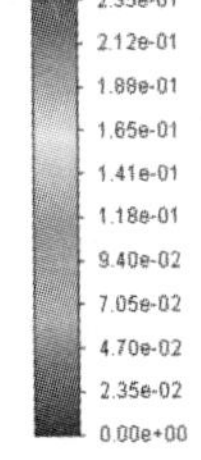

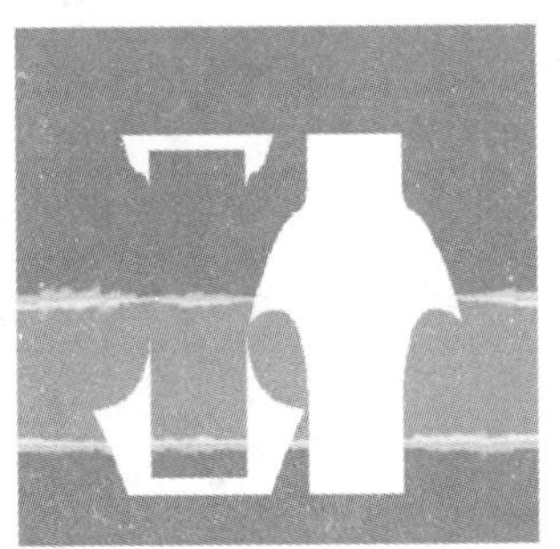

图 4-15　初始时刻 RDX20 体积分数分布

RDX40体积分数

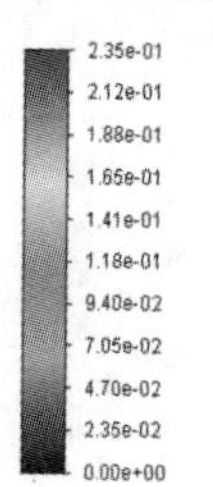

图 4-16 初始时刻 RDX40 体积分数分布

Al_2O_3体积分数

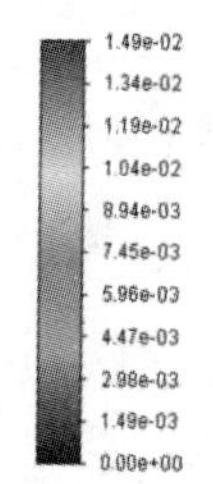

图 4-17 初始时刻 Al_2O_3 体积分数分布

硝化棉体积分数

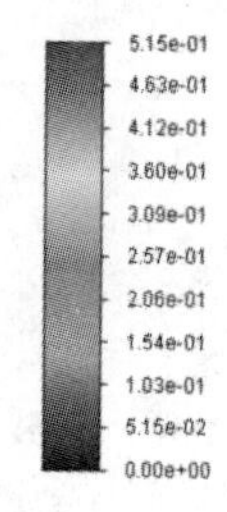

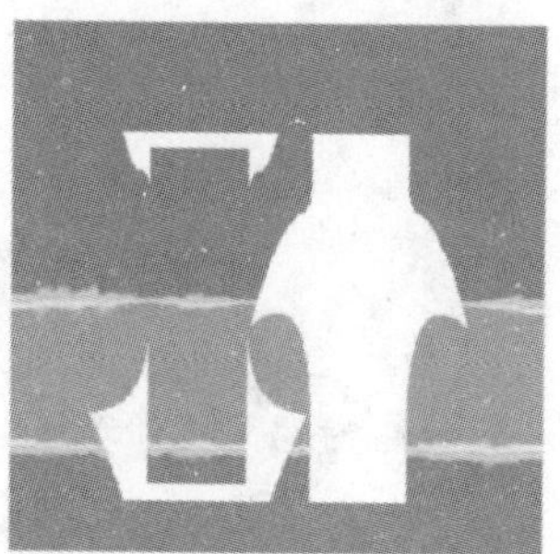

图 4-18 初始时刻硝化棉体积分数分布

4.3.3 结果分析

4.3.3.1 监测点体积分数变化

计算时设置三个监测点，图 4 - 19 所示为监测点 1 RDX(20 μm)体积分数变化。图 4 - 20 所示为监测点 2 RDX(40 μm)体积分数变化。图 4 - 21 所示为监测点 3 硝化棉体积分数变化。搅拌5 min后，体积分数变化逐渐趋于平缓。从图中曲线的趋势来看，约 40 min 时搅拌均匀。

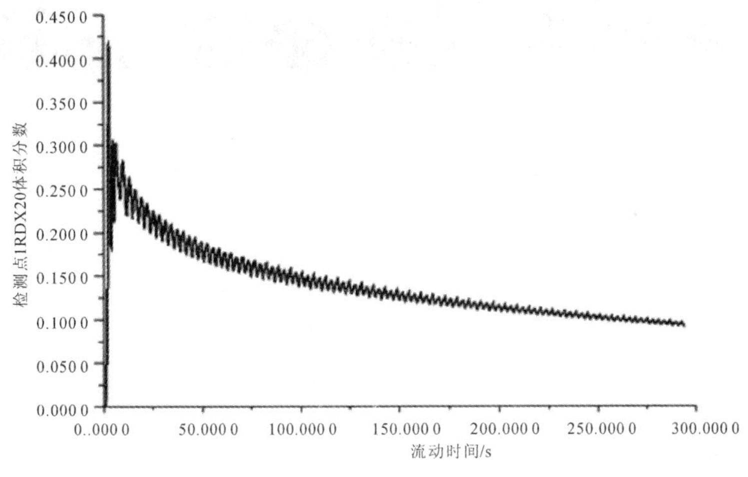

图 4 - 19　监测点 1 体积分数变化(RDX20)

4.3.3.2 体积分数变化(硝化棉)

图 4 - 22 所示为 15 s 时刻硝化棉体积分数分布，最大值为 0.418。图 4 - 23 所示为 295 s 时刻硝化棉体积分数分布，最大值为 0.148。

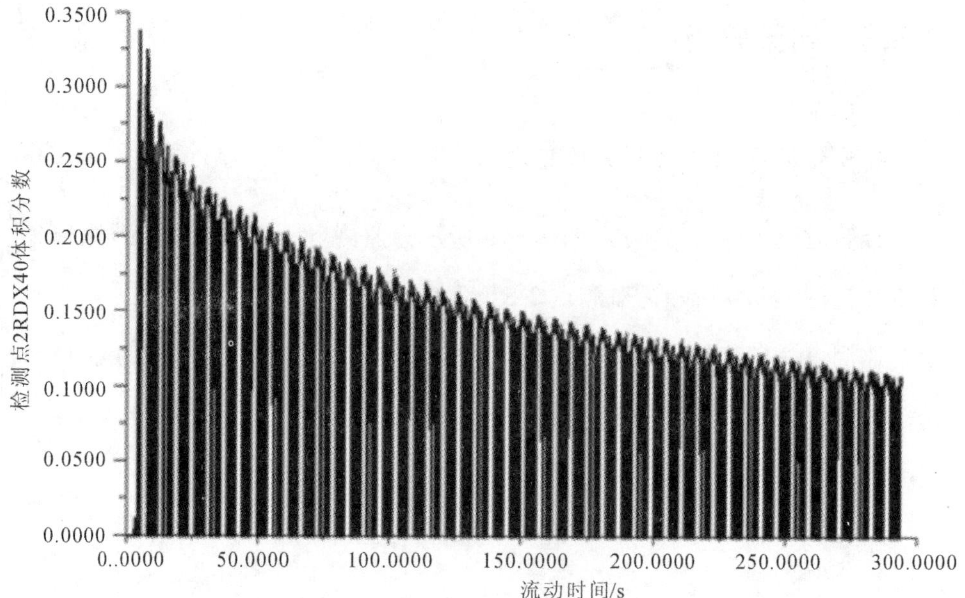

图 4-20　检查点 2 体积分数变化(RDX40)

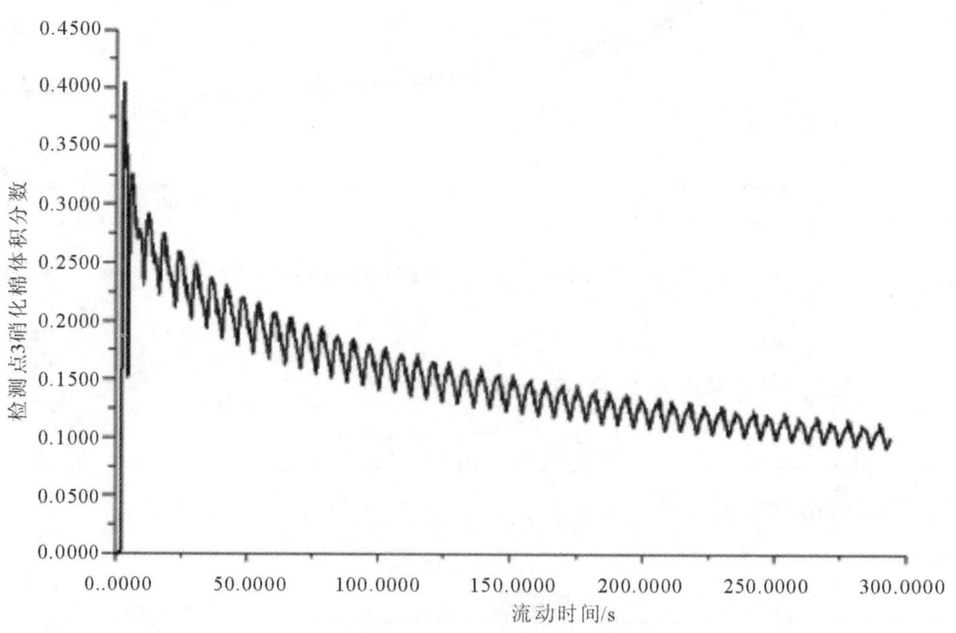

图 4-21　检测点 3 体积分数变化(硝化棉)

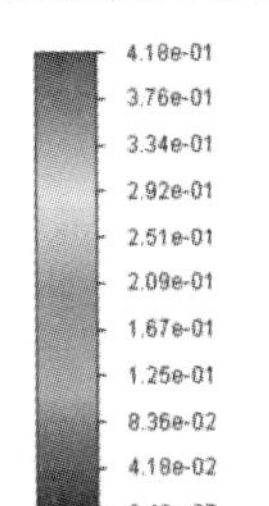

图 4-22　硝化棉体积分数(15 s)

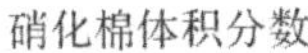

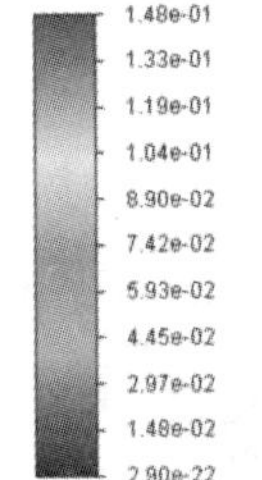

图 4-23　硝化棉体积分数(295 s)

4.3.3.3　体积分数变化(RDX)

图 4-24 所示为 15 s 时刻 RDX(20 μm)体积分数分布，最大值为 0.191。图 4-25 所示为 295 s 时刻 RDX(20 μm)体积分数分布，最大值为 0.068。

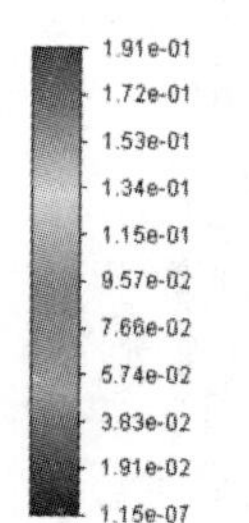

图 4-24　RDX 体积分数(15 s,20 μm)

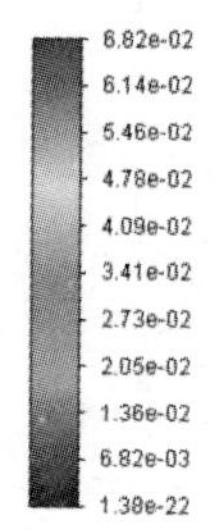

图 4-25　RDX 体积分数(295 s,20 μm)

图 4-26 所示为 15 s 时刻 RDX(40 μm)体积分数分布,最大值为 0.192。图 4-27 所示为 295 s 时刻 RDX(40 μm)体积分数分布,最大值为 0.071。

RDX40体积分数

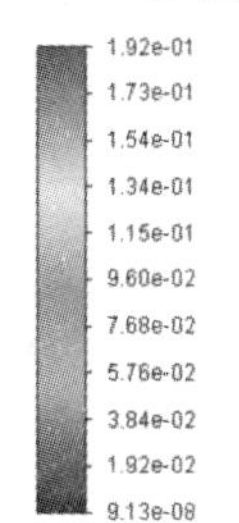

图 4-26　RDX 体积分数(15 s,40 μm)

RDX40体积分数

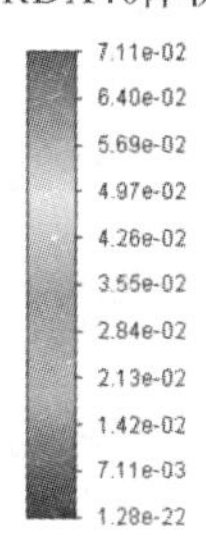

图 4-27　RDX 体积分数(295 s,40 μm)

4.3.3.4　体积分数变化(Al_2O_3)

图 4-28 所示为 15 s 时刻 Al_2O_3 体积分数分布,最大值为 0.012 1。图 4-29所示为 295 s 时刻 Al_2O_3 体积分数分布,最大值为 0.0043。

Al_2O_3体积分数

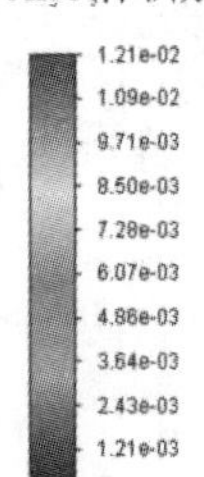

图 4－28　Al_2O_3体积分数(15 s)

Al_2O_3体积分数

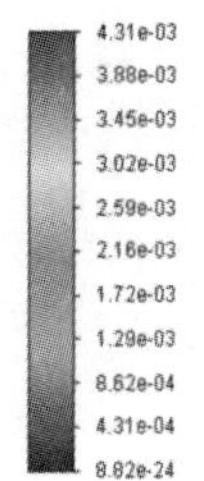

图 4－29　Al_2O_3体积分数(295 s)

第5章
浇铸工序仿真

推进剂浇铸技术的理论基础是非牛顿流体的流变性。要掌握浇铸技术，必须很好地了解黏稠推进剂药浆的流变性能。在真空下，把未除气的药浆浇入发动机是一个非常有效的工艺过程。由于除气是装药过程的一部分，因而真空浇铸制成的药柱气泡可以减到最低限度。本章介绍了在浇铸工序的仿真过程中，对浇铸工序的设置、浇铸模型和网络的确定以及浇铸过程的具体分析。

5.1 浇铸过程工艺原理

推进剂浇铸技术的理论基础是非牛顿流体的流变性。要掌握浇铸技术，必须很好地了解黏稠推进剂药浆的流变性能。

在真空下，把未除气的药浆浇入发动机是一个非常有效的工艺过程。由于除气是装药过程的一部分，因而制成的药柱气泡可以减到最低限度。

药浆流变性能对真空浇铸很重要，因为药浆通过花板流进真空室的驱动力仅靠药浆、压头和压差。显然，后者不可能超过大气压力。因此，对一些药型或黏度极大的药浆，不能使用真空浇铸法。真空度的控制很重要，真空度低不利于排除气体。

真空浇铸的主要工艺控制参数为真空度、浇铸速度和药浆温度。

1. 真空度

在浇铸工序过程中真空罐内的真空度既是药浆流动的主要驱动源，也是排除药浆内空气的主要手段。在实际生产中，常常随着生产条件的不同，其捏合和浇铸过程的状态也不同,因而有真空捏合-真空浇铸、常压捏合-真空浇铸、常压捏合-除气机除气-真空浇铸等。

采用真空浇铸工序时,一般将真空罐内余压在 1.33 kPa 下时抽真空 60 min;浇铸时罐内仍要保持余压在 4.76 kPa 下,才能保证药质量的可靠性。

2. 浇铸速度

为了保证除气完全,浇铸速度不宜太快,但又受适用期的限制。药浆的流动性和流平性也是影响浇铸速度的重要因素。

浇铸速度由阀门开度控制。浇铸开始时,因推进剂药浆黏度较小、流动性好、药条落程较长,可适当加快浇铸速度;后期随着药浆的质量减少,药浆流动驱动力减少,阀门开度要大一点。但要防止忽快忽慢。

3. 药浆温度

药浆的温度对药浆的黏度和固化速度影响很大,药浆黏度又影响浇铸速度。为使浇铸顺利进行,药浆温度必须严格控制。

5.2 浇铸分析模型及网格

浇铸分析几何模型如图 5-1 所示,由浇铸漏斗、皮管和浇铸区域三部分组成。在给定真空度和环境的压强、温度下,可以通过调整皮管的直径来控制浇铸的速度。

5.2.1 计算模型的简化

浇铸过程分析是包含非牛顿流动特性的两相流体动力学分析。为了减少网格数量，对浇铸计算模型进行简化。500 g 浇铸药浆体积：$V = 0.5\ kg/1\ 600(kg/m^3) = 0.000\ 312\ 5\ m^3$。如图 5－2 所示模型浇铸过程几何模型，图中所示的体积为半模的体积。初始时刻，浇铸液浆体积只占漏洞圆锥区域（区域 2）的 7.75%左右（$0.001\ 211\ 1 \times 2/0.000\ 312\ 5 = 7.75\%$），浇铸初始时刻及浇铸过程主要在 B 区域内。因为 A 区域体积约为 $0.006\ 735\ 7 m^3$，B 区域体积约为 $0.000\ 782\ 35\ m^3$，如果网格尺度相同，A 区域的网格数量约为 B 区域的 9 倍，如果加大 A 区域的网格尺度，计算的收敛性将很差。所以针对计算模型做如下简化，如图 5－3 和图 5－4 所示。

（1）只保留 B 区域作为浇铸的计算区域。

（2）计算时忽略摩擦力和壁面粗糙度的影响。

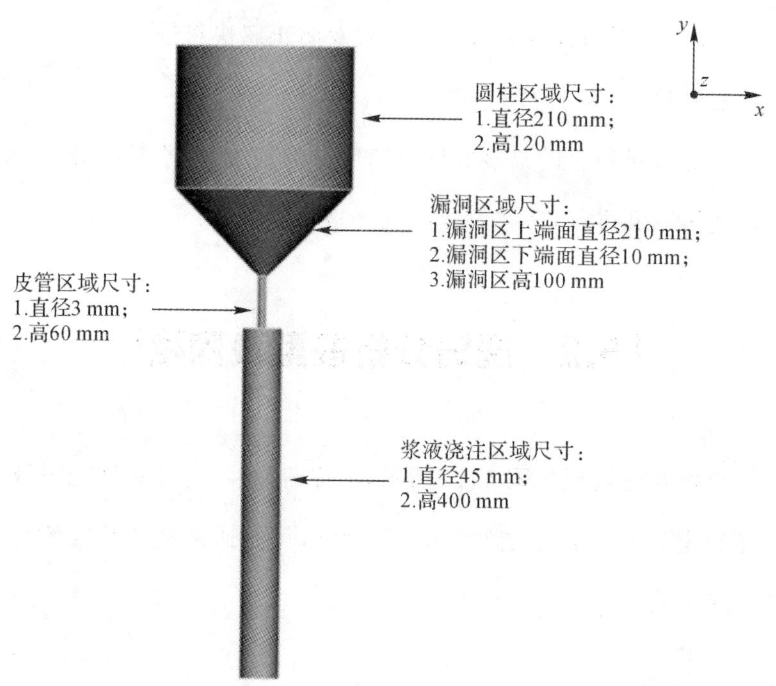

图 5－1　浇铸分析几何模型

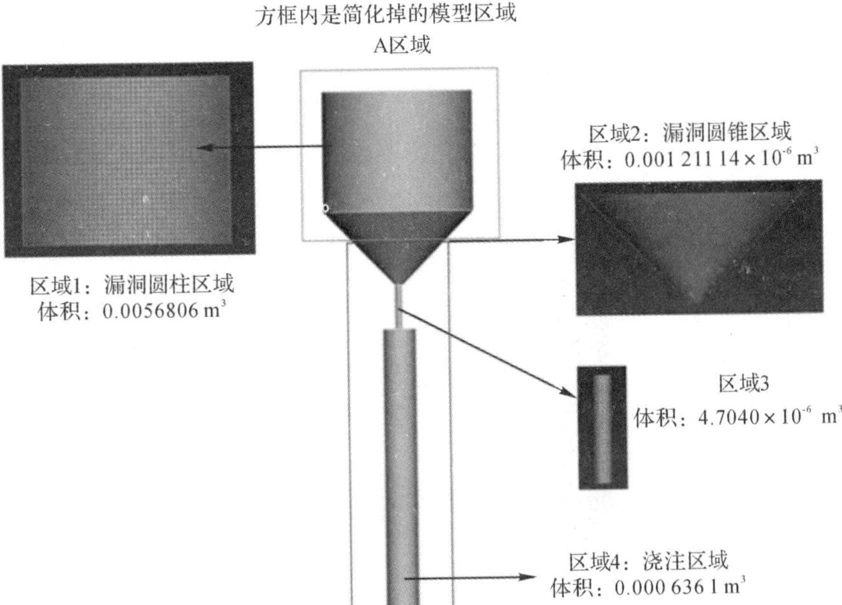

图 5-2 计算模型简化策略

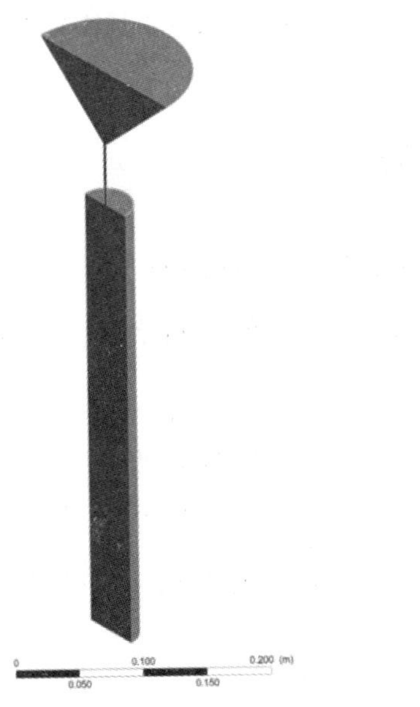

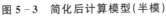

图 5-3 简化后计算模型(半模)

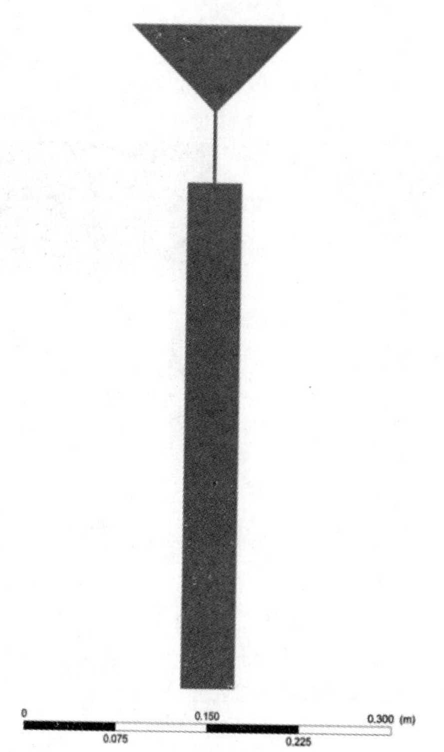

图 5－4　简化后计算模型(切面)

5.2.2　网格模型

如图 5－5 所示,皮管径向网格尺度为 0.17 mm,轴向网格尺度为 0.3 mm。此区域两端生成三角形网格,通过 Map 方式生成棱柱形式网格,如图5－6所示。

如图 5－7 所示,浇铸区域径向网格尺度为从 0.17 mm 逐渐增大到 0.5 mm,轴向网格尺度为 1 mm。顶部除了出口处生成四面体网格外,其他区域生成三角形网格,通过 Map 方式生成棱柱形式网格,如图 5－8 所示。

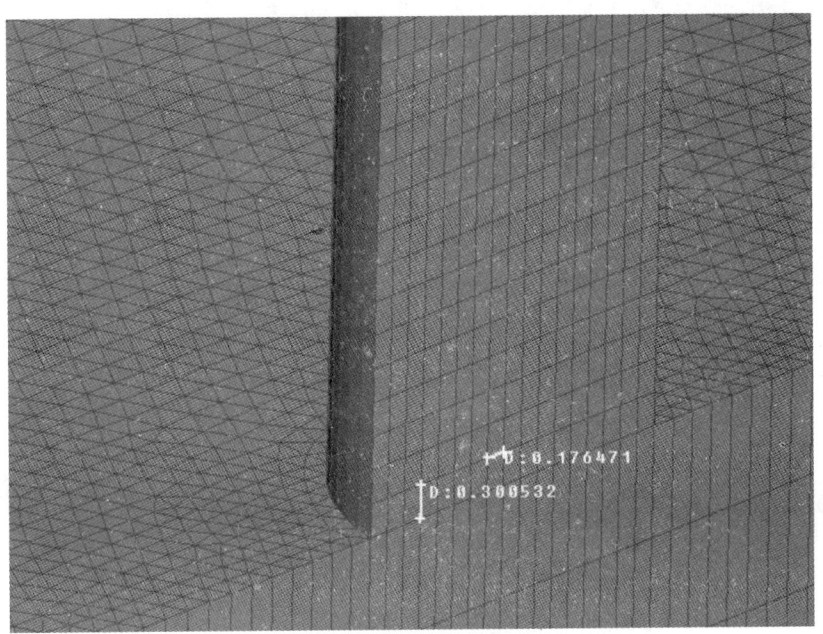

图 5－5　皮管网格模型

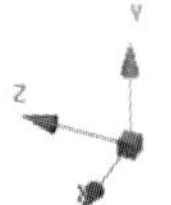

图 5－6　皮管体网格

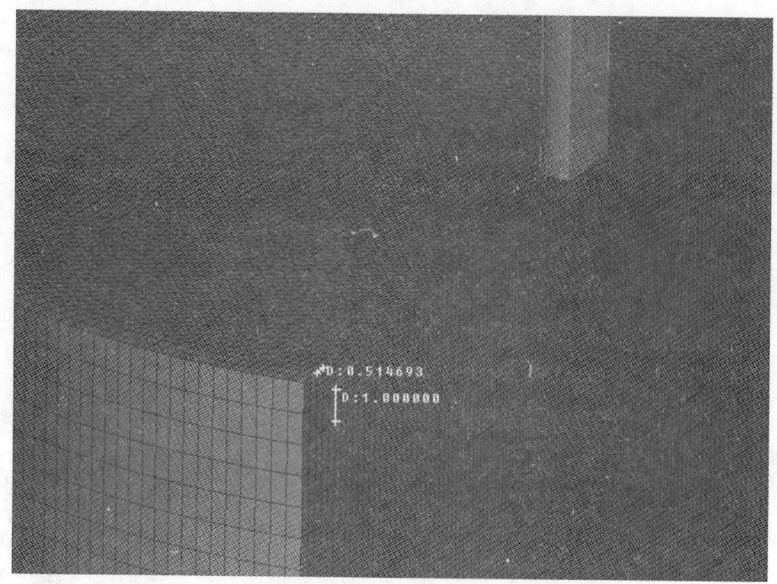

图 5-7　浇铸区域网格模型

图 5-8　漏洞区域网格

漏斗区域表面生成三角形网格，体网网格为四面体网格。网格尺度约为0.2～1 mm。

浇铸分析模型（半模）体网格总数为580万个左右，网格导入之后通过Make Ployhedra进行网格类型转换，将四面体网格转化为多面体网格。转化完成后网格数量约为265万个。在相同网格尺度的基础上，减少网格数量，可以提高求解效率，如图5-9和图5-10所示。

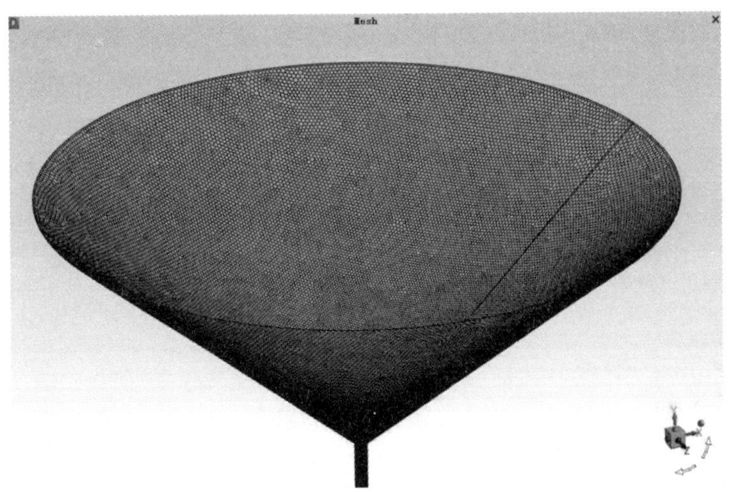

图5-9　经过转化后漏斗区多面体类型网格

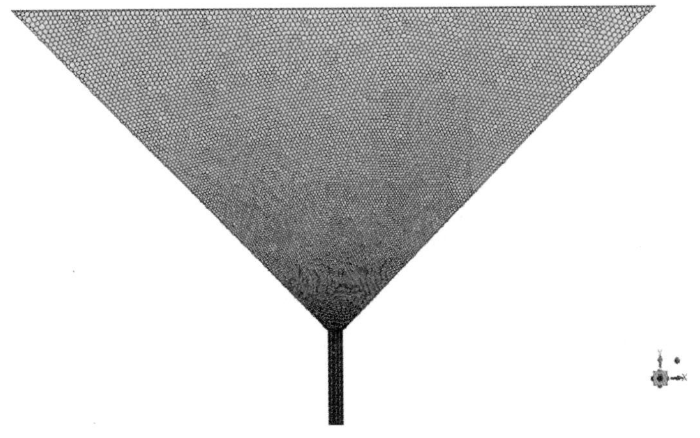

图5-10　经过转化后漏斗区多面体类型网格

5.3 浇铸过程分析

5.3.1 计算方法

浇铸过程模拟采用多相流的 VOF 模型。主相是浇铸浆液，第二相是空气。

非牛顿模型采用 Herschel - Bulkley（赫谢尔-巴尔克莱）模型。VOF 模型如图 5 - 11 所示。

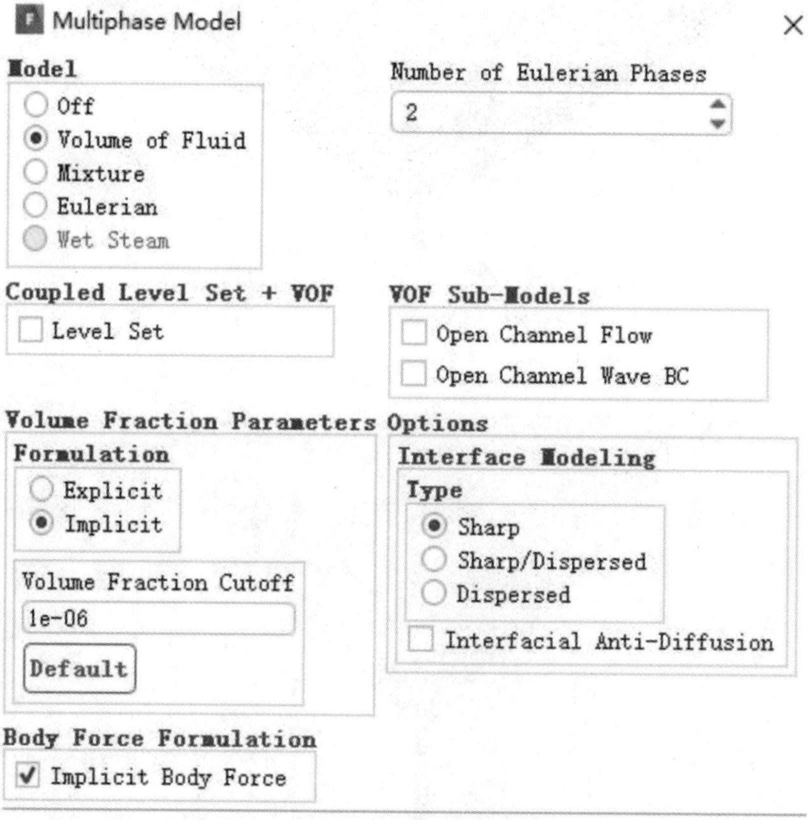

图 5 - 11 VOF 模型

5.3.2 边界条件

浇铸药浆参数见表 5-1。

赫谢尔-巴尔克莱流体模型结合了宾汉姆和流体中的幂律行为。参数如图 5-12 所示。

表 5-1 浇铸药浆参数

参数	数值
密度/(kg·m^{-3})	1 600
黏度/(Pa·s)	80
真空度/Pa	0
管径/mm	3
浇铸量/g	500

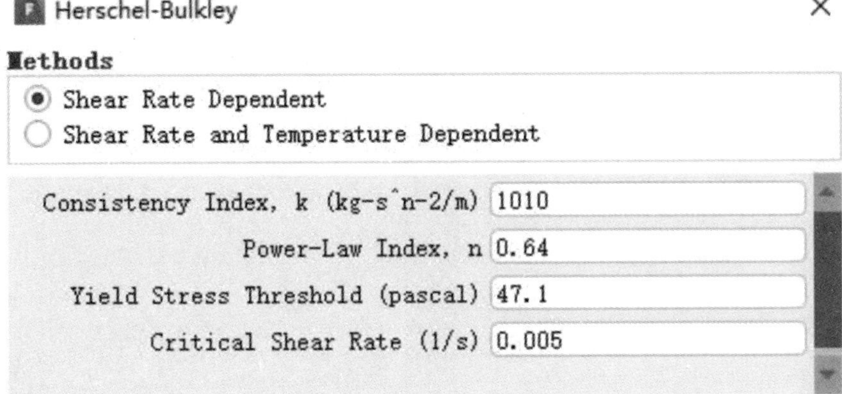

图 5-12 赫谢尔-巴克利参数

5.3.3 结果分析

图 5-13～图 5-15 所示为不同时刻浇铸液浆体积分数分布。图 5-16

是监测不同时刻浇铸液浆流过皮管截面的流量，因为建立的模型是半模，真实的流量是图 5－16 的两倍。浇铸 200s 后，浇铸的流量基本平衡，约为 0.472 cm^3/s（0.236 cm^3/s 的两倍）。

通过每个时间步浇铸量在时间上的积分，由图 5－16 得到 200 s 时，浇铸量为 122.84 cm^3（半模为 61.42 cm^3）。

因为 500 g 浇铸药浆体积：$V=0.5\ kg/1\ 600(kg/m^3)=312.5\ cm^3$。所以，以现在计算模型及参数得到，浇铸 300 s 时刻，初始 500 g 浇铸液浆已浇铸 39％左右。剩余部分再有 400 s 左右浇铸完。总共浇铸时间约为 700 s。

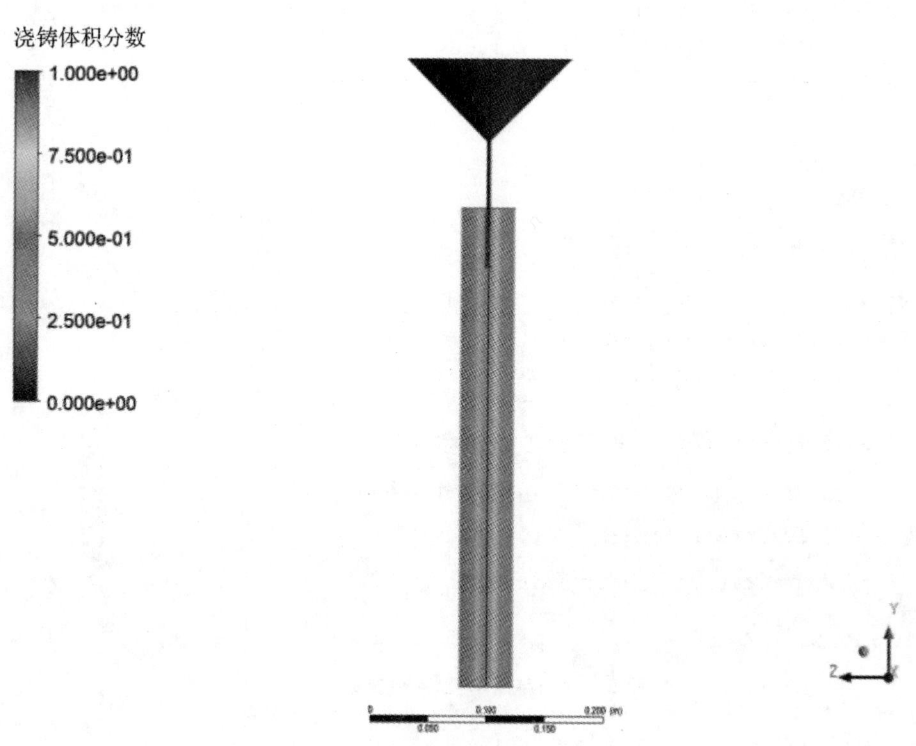

图 5－13 浇铸液浆体积分数分布(2 s)

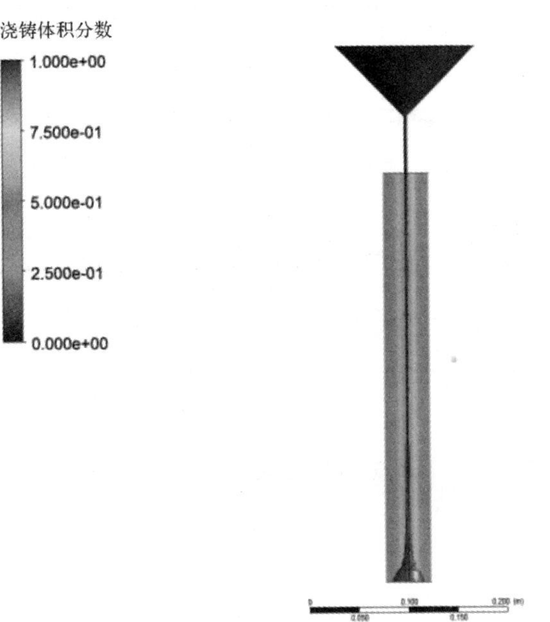

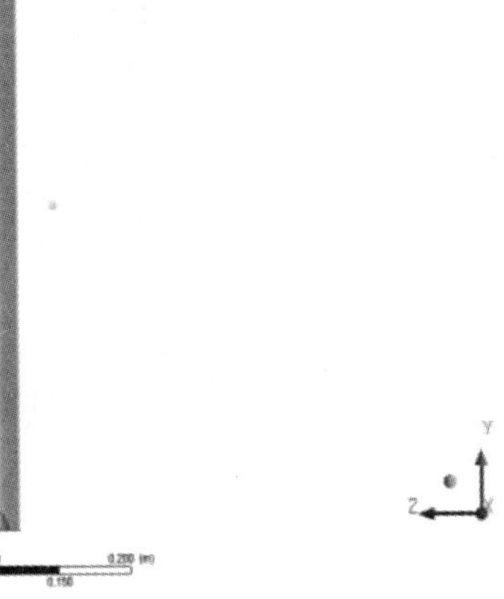

图 5－14　浇铸液浆体积分数分布(60 s)

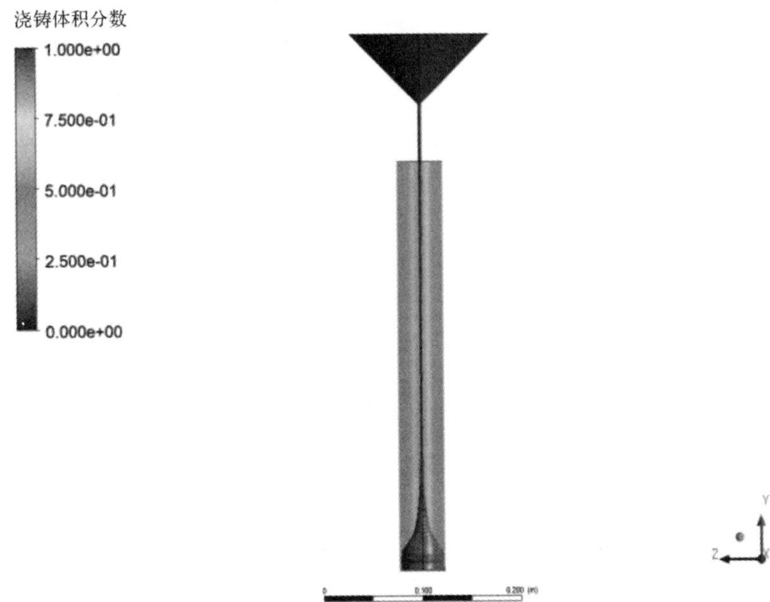

图 5－15　浇铸液浆体积分数分布(200 s)

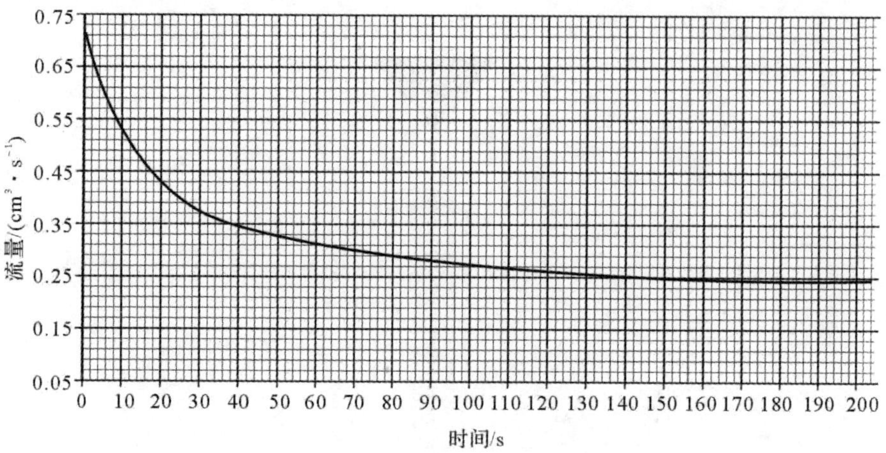

图 5-16 浇铸量随时间变化

第6章 展望

推进剂工艺仿真的研究在计算机技术的提升的同时得到了不断的进步与完善，然而，目前推进剂工艺的诸多环节仍比较复杂，许多工艺机理尚未明晰，使得工艺仿真的有限元研究面临很多新的问题与挑战。然而，正是诸多问题的涌现才能够推动科学研究的发展。期待研究者们不断的创新与突破，从根本上改变固体推进剂的研发模式。

随着计算机计算速度的不断提高、有限元网格技术的不断进步以及流体方程的不断修正，使得以往较为复杂的推进剂工艺过程得以逐渐以仿真的形式越来越多的出现在推进剂工艺研究的过程中，这使得工艺仿真的研究在推进剂工艺研究的过程中不断地进步与完善，也使得工艺仿真领域越来越多的受到推进剂研究者的关注。同时，虚拟现实技术的日趋成熟、数字孪生技术的不断实现，对推进剂工艺仿真的水平与范围也提出了新的挑战与要求。

但是，目前推进剂工艺的诸多环节仍比较繁复，许多工艺机理尚未明晰。这使得采用有限元软件进行工艺仿真的研究仍面临很多问题与挑战，部分工艺环节尚较难找到合适的有限元仿真方法，诸如双基推进剂中硝化棉的溶胀与塑化问题、复合推进剂中的交联与固化问题、推进剂成型温度与性能之间的关系问题等等。

然而，科学研究的发展恰恰是由于诸多问题的涌现，进而寻找解决之道才得以不断的前进与发展。在工艺仿真发展的道路上，许多高等院校、科研院所以及软件公司均在自己的领域中不断进行着突破，对于推进剂工艺仿真的研究也在不断的推进。期待科技的进步可以大力带动推进剂仿真技术的有效发展，从而改善推进剂科研人员的工作条件，提高推进剂设计的理论水平，可以从根本上改变固体推进剂的研发模式。

参考文献

[1] 郭印诚，王希麟，王德新，等. 旋风炉内气相燃烧及两相流动的数值模拟[J]. 燃烧科学与技术，2000(3)：189-194.

[2] 钱翼稷. 空气动力学[M]. 北京：北京航空航天大学出版社，2004.

[3] 吴光中. FLUENT 基础入门与案例精通[M]. 北京：电子工业出版社，2012.

[4] 周力行. 湍流两相流动与燃烧的数值模拟[M]. 北京：清华大学出版社，1991.

[5] 周俊波. FLUENT6.3 流场分析从入门到精通[M]. 北京：机械工业出版社，2012.

[6] 李进良，李承曦. 精通 FLUENT6.3 流场分析[M]. 北京：化学工业出版社，2009.

[7] 温正，石良臣，任毅如. FLUENT 流体计算应用教程[M]. 北京：清华大学出版社，2009.

[8] 李鹏飞，徐敏义，王飞飞. 精通 CFD 工程仿真与案例实战：FLUENT

GAMBIT ICEM CFD Tecplot[M]. 北京:人民邮电出版社，2011.

[9] 周俊杰，徐国权，张华俊. FLUENT 工程技术与实例分析[M]. 北京:中国水利水电出版社，2010.

[10] 常欣. FLUENT 船舶流体力学仿真计算工程应用基础[M]. 北京:人民出版社，2011.

[11] 于勇. FLUENT 入门与进阶教程[M]. 北京:北京理工大学出版社，2008.

[12] 江帆，黄鹏. FLUENT 高级应用与实例分析[M]. 北京:清华大学出版社，2008.

[13] 朱红均. FLUENT 流体分析及仿真实用教程[M]. 北京:人民邮电出版社，2010.

[14] 刘鹤年. 流体力学[M]. 2 版. 北京:北京建筑工业出版社，2004.

[15] 王福军. 计算流体动力学:CFD 软件原理应用[M]. 北京:清华大学出版社，2004.

[16] 韩占忠，王敬，兰小平. FLUENT:流体工程仿真计算实例与应用[M]. 北京:北京理工大学出版社，2010.

[17] 章梓雄，董曾南. 黏性流体力学[M]. 北京:清华大学出版社，1998.

[18] 陶文铨. 数值传热学[M]. 2 版. 西安:西安交通大学出版社，2001.

[19] 徐佩弦. 高聚物流变学及其应用[M]. 北京:化学工业出版社，2003.

[20] 马文琦，孙红臆. 塑料成型模拟软件技术基础与应用[M]. 北京:中国铁道出版社，2006.

[21] 刘斌，马俊. Polyflow 逆向挤出功能在异型材口模设计中的应用[J]. 塑料科技，2008，36(1):66－70.

[22] YASUHIKO O，TOSHIHISA K，KAZUMORI F. Numerical Simulations of Annular Extrudate Swell of Polymer Melts[J]. Polymer Engineering and Science.

[23] 刘晓鸣，谢林生，马玉录，等. 双转子连续混炼机转子混炼段流场的

数值模拟[J]. 工程塑料应用，2006，20(11):95－99.

[24] 刘晓鸣，谢林生，马玉录，等. 双转子连续混炼机混炼段分散混合效率的研究[J]. 工程塑料应用，2006，35(1):64－68.

[25] 周骥，俞炜，周持兴. Haake 混合器中双组分聚合物熔体共混过程的数值模拟研究[J]. 中国塑料，2006，20(6):92－97.

[26] AVALOSSE T，CROCHET M J. Finite - element Simulation of Mixing:1. Two - dimensional Flow in Periodic Geometry[J]. AIChE Journal，1997，43(3):577－587.

[27] CONNELLY R K，KOKINI J L. Examination of the Mixing Ability of Single and Twin Screw Mixers Using 2D Finite Element Method Simulation with Particle Tracking[J]. Journal of Food Engineering，2007，79(3):956－969.

[28] 徐芝纶. 弹性力学简明教程[M]. 3 版. 北京:高等教育出版社，2002.

[29] 刘鸿文. 材料力学[M]. 4 版. 北京:高等教育出版社，2000.

[30] 陶文全. 计算流体力学与传热学[M]. 北京:中国建筑工业出版社，1991.

[31] 顾家柳. 高等转子动力学[M]. 北京:机械工业出版社，2000.

[32] 闻邦椿. 高等转子动力学理论、技术与应用[M]. 北京:机械工业出版社，2000.

[33] 罗惕乾. 流体力学[M]. 3 版. 北京:机械工业出版社，2007.

[34] 金建铭. 电磁场有限元方法[M]. 西安:西安电子科技大学出版社，2001.

[35] 刘子如. 含能材料热分析[M]. 北京:国防工业出版社，2008.

[36] 王伯羲，冯增国. 火药燃烧理论[M]. 北京:北京理工大学出版社，1994.

[37] 李军锋. 四嗪类含能化合物的合成、量子化学计算、热行为及非等温热分解动力学研究[D]. 西安:西北大学,2011.

[38] 熊鹰,舒远杰,王新锋,等. 四嗪类高氮化合物结构对热分解机理影响的理论研究[J]. 火炸药学报,2008(1):1-5.

[39] 周阳. 四嗪类高氮化合物结构与性能关系的理论研究[D]. 绵阳:中国工程物理研究院,2007.

[40] 张兴高,朱慧,阳世清,等. 富氮高能物质 BTATz 的热分解动力学和分解机理[J]. 推进技术,2007(3):322-326.

[41] 张兴高,张炜,朱慧,等. 3,3′-二硝基-4,4′-氧化偶氮呋咱(DNOAF)的热分解特性[J]. 推进技术,2007(4):445-448.

[42] 任晓宁,刘子如,郑伟. 压力和 DNTF 含量对 DNTF-CMDB 推进剂热分解动力学的影响[J]. 固体火箭技术,2007(5):424-426.

[43] 刘艳,陈沛,刘子如,等. 压力对某些含能材料液态热行为的影响[J]. 含能材料,2001(3):111-116.

[44] 刘艳,刘子如,邱刚,等. 静态与动态高压对含能材料热分解的影响[J]. 火炸药学报,2001(3):26-29,19.

[45] 樊学忠,李吉祯,张腊莹,等. NTO 铅铜衍生物对 AP-CMDB 推进剂燃烧性能和热分解的影响[J]. 含能材料,2007(4):316-319.

[46] 李吉祯,樊学忠,郑晓东,等. 水杨酸金属衍生物对 AP-CMDB 推进剂燃烧性能和热行为的影响[J]. 火炸药学报,2008(2):43-45,60.

[47] 付小龙,樊学忠,李吉祯,等. 有机铅盐对高能改性双基推进剂燃烧性能和热分解的影响[J]. 火炸药学报,2008(2):49-52.

[48] 王晗,赵凤起,樊学忠,等. 纳米催化剂对无烟改性双基推进剂燃烧性能的影响[J]. 火炸药学报,2008(2):30-33.

[49] 刘所恩,赵凤起,李上文,等. 改性双基推进剂主要组分的高压热分

解特性[J]. 火炸药学报，1998(2):28-30,27.

[50] 赵凤起，李丽，李上文，等. 含和不含催化剂的高能 RDX-XLDB 推进剂热分解特性研究[J]. 含能材料，1999(2):23-26.

[51] 徐景龙，阳建红，王华. 含纳米金属粉高能推进剂热分解性能和燃烧火焰结构分析[J]. 飞航导弹，2006(12):47-49.

[52] 付小龙，邵重斌，吴淑新，等. 高能无烟改性双基推进剂中高压燃烧性能[J]. 含能材料，2010，18(1):107-109.

[53] HAMMERL A，KLAP? TKE T，MAYER P，et al. Synthesis，Structure，Molecular Orbital Calculations and Decomposition Mechanism for Tetrazolylazide CHN7，Its Phenyl Derivative PhCN7 and Tetrazolylpentazole CHN9[J]. Propellants Explosives Pyrotechnics，2005，30(1):17-26.

[54] HAMMERL A，HISKEY M A，HOLL G，et al. Azidoformamidinium and Guanidinium 5,5′-Azotetrazolate Salts[J]. Chemistry of Materials，2005，17(14):3784-3793.

[55] 王义惠，杜志明，何春林，等. 偶氮四唑二胍的合成优化与性能表征[J]. 含能材料，2008(5):581-584.

[56] 何春林，杜志明，丛晓民，等. 偶氮四唑二胍的表征及性能研究[J]. 化学推进剂与高分子材料，2009，7(6):31-34.

[57] 张兴高，朱慧，阳世清，等. 高氮含能化合物偶氮四唑三氨基胍盐的热分解研究[J]. 固体火箭技术，2007(3):238-242.

[58] 刘所恩，赵凤起，李上文，等. 改性双基推进剂主要组分的高压热分解特性[J]. 火炸药学报，1998(2):28-30,27.

[59] 赵凤起，李丽，李上文，等. 含和不含催化剂的高能 RDX-XLDB 推进剂热分解特性研究[J]. 含能材料，1999(2):23-26.

[60] BRILL T B，GONGWER P E，WILLIAMS G K. Thermal Decomposi-

tion of Energetic Materials. 66. Kinetic Compensation Effects in HMX, RDX, and NTO[J]. J. Phys. Chem, 1994, 98(47):12242 - 12247.

[61] 张杰，杨荣杰. 六硝基六氮杂异伍兹烷的燃烧和催化热分解研究[J]. 兵工学报，2003(4):455 - 458.

[62] D. G, PATIL, and, et al. Thermal Decomposition of Energetic Materials 59. Characterization of the Residue of Hexanitrohexaazaisowurtzitane - ScienceDirect[J]. Combustion and Flame, 1993, 92(4):456 - 458.

[63] 卢红霞，侯铁翠，曾昭桓，等. 纳米铝粉及微米铝粉的氧化特性研究[J]. 轻合金加工技术，2007(10):41 - 43,57.

[64] 何丽蓉，肖乐勤，菅晓霞，等. 纳米铝粉热反应特性的 TG - DSC 研究[J]. 固体火箭技术，2011，34(5):628 - 631.

[65] 江治，李疏芬，赵凤起，等. 纳米铝粉和镍粉对复合推进剂燃烧性能的影响[J]. 推进技术，2004(4):368 - 372.

[66] 高东磊，张炜，朱慧，等. 纳米铝粉在复合推进剂中的应用[J]. 固体火箭技术，2007(5):420 - 423.

[67] 胥会祥，赵凤起. 镁铝富燃料推进剂燃烧残渣影响因素理论分析[J]. 固体火箭技术，2006(3):200 - 203.

[68] Glotov O G. Condensed Combustion Products of Aluminized Propellants:IV. Effect of the Nature of Nitramines on Aluminum Agglomeration and Combustion Efficiency[J]. Combustion Explosion & Shock Waves, 2006, 42(4):436 - 449.